国家中等职业教育改革发展示范学校建设项目成果

# 计算机组装与维护

主　编　李文远

副主编　伍粤山　刘志勇

参　编　冯昌正　潘志超　吴多万　陈武钗

　　　　严宗浚　赖圣贵　邹沃威　周建梅

　　　　陈静君　张欣荣

U0390153

机械工业出版社

本书主要根据计算机网络技术专业的人才培养方案及相关课程内容的要求，配合一体化课程框架、一体化课程标准和学习任务，以工作页的形式展现计算机网络技术专业一体化课程体系中的"计算机组装与维护"典型工作任务教学，方便读者了解计算机组装与维护一体化课程开展，任务实施、课程评价模式等。

本书系统地讲解了计算机基础知识及计算机维修维护的基本方法，硬盘的分区与格式化、Windows 操作系统的安装、Ghost 工具的使用，以及计算机硬件故障、软件故障、网络故障的现象及其解决方法。

本书突出实用性，以培养实际技能为目的，既可用于指导计算机网络类专业硬件组装与维修课程，也可以用于指导计算机网络专业教师进行一体化课程教学，同时也可作为广大读者学习相关知识的参考用书。

## 图书在版编目（CIP）数据

计算机组装与维护/李文远主编. —北京：机械工业出版社，2013.7（2017.11 重印）
ISBN 978-7-111- 43100-8

Ⅰ. ①计⋯　Ⅱ. ①李⋯　Ⅲ. ①电子计算机—组装—教材②计算机维护—教材　Ⅳ. ①TP30

中国版本图书馆 CIP 数据核字（2013）第 146058 号

机械工业出版社（北京市百万庄大街22 号　邮政编码100037）
策划编辑：梁　伟　　　　　责任编辑：蔡　岩
封面设计：路恩中　　　　　责任印制：孙　炜
北京中兴印刷有限公司印刷
2017 年11 月第1 版第6 次印刷
184mm×260mm · 13.5 印张 · 332 千字
6 001—7 000 册
标准书号：ISBN 978-7-111- 43100-8
定价：38.00 元

# 前　言

随着经济全球化趋势深入发展，科技进步日新月异，我国经济结构调整不断加快，对人力资源能力建设提出了更新、更高的要求。广州市工贸技师学院采用了以职业活动为导向、以校企合作为基础、以综合职业能力培养为核心、理论教学与实践教学相结合，实现学习岗位与工作岗位对接、职业能力与岗位能力对接，达到零距离就业的一体化课程教学改革工作来培养技能人才。

本书是根据《计算机网络技术专业一体化课程方案》，采用工学结合一体化课程理念编写而成的工作页，该工作页通过典型工作任务驱动项目教学，描述工作情境、工作过程、实际工作环节、验收评价等方面的内容，完整地展现本专业在一体化课程教学中的"工学一体"课程设计理念，方便读者了解计算机网络技术专业一体化课程的设计思路、培养定位、课程教学模式、课程评价模式等。

1. 采用"项目导向，任务驱动"的教学模式构建教材体例

本书通过典型工作任务驱动项目教学，通过计算机系统维修员岗位的工作内容及素质要求，由浅入深、循序渐进地讲解了计算机组装与维护的相关知识。在内容选择上突出对学生职业技能的训练，理论知识紧紧围绕计算机组装与维护工作展开。

2. 本书分为 3 个学习任务，学习任务 1 主要讲解计算机的组装知识和具体步骤；学习任务 2 主要就计算机软件升级和软件管理这两个方面进行了分析和讲解；学习任务 3 主要讲解了计算机维修的基础知识以及教会学生如何正确根据故障维修计算机。每个任务以"任务实施"让学生完成具体的工作任务，"任务实施"讲述了完成任务需要掌握的基本知识和步骤，描述了工作情境、工作过程、实际工作环节、验收评价等方面的内容，完整地展现本专业在一体化课程教学中的"工学一体"课程设计理念，符合计算机维修专业人才培养的时代要求。

3. 突出计算机组装与维护的实践性

本书是在对 IT 企业、计算机行业协会广泛调研的基础上，在计算机组装与维护教学实践中不断探索的成果。本书聘请计算机硬件相关一线专家参与编写，借助他们对计算机组装维护流程的熟悉和对具体工作任务的了解，使本书更适应对计算机系统维修员岗位人才的培

养，更突出"以企业需求为依据，以就业为导向"的教学目标。

本书由李文远任主编，伍粤山、刘志勇任副主编，参与编写还有冯昌正、潘志超、吴多万、陈武钗、严宗浚、赖圣贵、邹沃威、周建梅、陈静君、张欣荣。

由于工学结合一体化课程教学在技工院校中尚属探索阶段，因此，本专业一体化课程工作页在编写过程中存在一些不足之处在所难免，恳请读者提出宝贵意见和建议。

编　者

# 目 录

# 学习任务 1　家用计算机组装

通过本学习任务，学生能够掌握如下内容：

1）使用专业术语描述客户的组装要求。

2）通过实物或图片，识别不同型号产品的具体参数，通过不同途径获取产品的最新资讯。

3）在教师的指导下查阅相关资料，制定出计算机组装的标准流程。

4）能按照计算机组装的流程，在教师的指导下，正确组装计算机。

5）通过身体接触金属块放电或戴静电环进行防静电处理。

6）观摩老师示范如何使用组装工具，仔细听老师讲解工具的名称、作用，记录工具的名称及使用注意事项。

7）在老师分析计算机硬件的兼容性和性价比的问题后，分组讨论各种装机方案，每组选派一名代表上台讲解该方案的采用理由和亮点。

8）根据已确定的装机方案，列出装机清单，领取硬件并做好记录，填写硬件领取单。

9）通过观察老师示范、视频和课件演示，完成计算机硬件组装。

10）通过观察老师示范、视频和课件演示，完成操作系统和应用软件的安装。

11）完成计算机的软硬件组装后，检验计算机能否正常开机运行，并填写验收单；最后交付教师进行验收。

电脑城某公司的部门主管接待一个客户，客户要求组装一台家用计算机。具体要求是能满足日常办公需求、进行图片处理、运行市面上流行的单机游戏和网络游戏。主管将该任务交给小 A，要求在当天之内完成任务。

小 A 接受了该任务后，根据公司的规定，向客户了解其对计算机的功能需求，提出合理化建议，在双方确定的情况下，小 A 拟订好装机方案。在征得客户同意后，采购装机所需配件，对计算机进行组装，根据客户的要求，安装相应的操作系统和应用软件，客户验收后，交付使用，并填写相关单据（如保修单、发票等）。

任 务 流 程 与 活 动

1）识别计算机硬件。

2）制订计算机配置清单。

3）组装计算机硬件。

4）BIOS 设置。

5）硬盘分区与格式化。

6）安装操作系统。

7）操作系统测试及优化。

8）备份和恢复操作系统。

## 学习活动 1    识别计算机硬件

### 学习目标

1）叙述计算机的组成及其作用。

2）通过不同途径获取计算机硬件的最新资讯。

3）区别计算机硬件各种型号的主要参数及其性能指标。

4）辨别计算机硬件。

### 学习准备

多媒体设备、工作页、相应学习材料、计算机、机箱电源、CPU、内存、硬盘、显卡、声卡、键盘、鼠标、显示器等。

### 学习地点

计算机维修工作站。

### 学习过程

 引导问题

1）计算机有很多种类型，你见过哪些类型的计算机？请识别表 1-1 中的计算机类型。

表 1-1

| 计算机图片 | 是否见过这类计算机 | 计算机类型 |
|---|---|---|
| | ○见过<br>○未见过 | ○平板电脑<br>○笔记本<br>○大型计算机<br>○服务器<br>○台式计算机 |
| | ○见过<br>○未见过 | ○平板电脑<br>○笔记本<br>○大型计算机<br>○服务器<br>○台式计算机 |
| | ○见过<br>○未见过 | ○平板电脑<br>○笔记本<br>○大型计算机<br>○服务器<br>○台式计算机 |
| | ○见过<br>○未见过 | ○平板电脑<br>○笔记本<br>○大型计算机<br>○服务器<br>○台式计算机 |
| | ○见过<br>○未见过 | ○平板电脑<br>○笔记本<br>○大型计算机<br>○服务器<br>○台式计算机 |

2）表 1-2 里包含有很多计算机用途，请选出最能代表计算机的 5 种用途。

表 1-2

| | | |
|---|---|---|
| □数值计算 | □信息处理 | □实时控制 |
| □辅助设计 | □智能模拟 | □数据处理 |
| □自动控制 | □辅助教学 | □虚拟现实 |
| □娱乐 | | |

3）计算机有多个知名品牌，请识别表 1-3 中的计算机品牌。

表 1-3

| | | |
|---|---|---|
| lenovo联想 | DELL™ | TOSHIBA |
| | | |
| hp | Great Wall 长城 | Apple |
| | | |
| Hasee 神舟 | acer | 清华同方 TSINGHUA TONGFANG |
| | | |

4）根据图 1-1、图 1-2 所指的位置，写出台式计算机的部件名称。

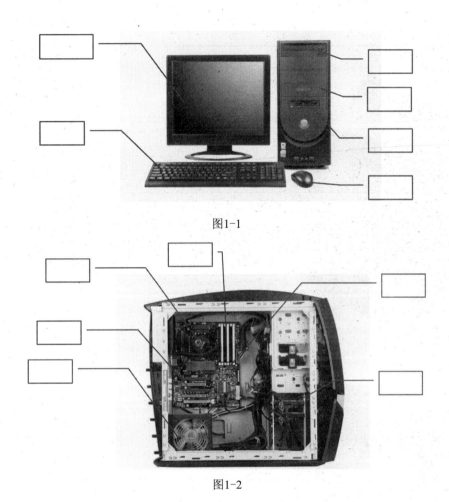

图1-1

图1-2

⊖ 查询与收集

请根据表 1-4 中的计算机部件图，上网搜索资料，填写计算机部件名称和其功能。

表 1-4

| 计算机部件图 | 计算机部件名称 | 计算机部件功能 |
|---|---|---|
| | 名称： | 功能： |

（续）

| 计算机部件图 | 计算机部件名称 | 计算机部件功能 |
|---|---|---|
| | 名称: | 功能: |
| | 名称: | 功能: |
| | 名称: | 功能: |
| | 名称: | 功能: |
| | 名称: | 功能: |

（续）

| 计算机部件图 | 计算机部件名称 | 计算机部件功能 |
| --- | --- | --- |
| | 名称: | 功能: |
| | 名称: | 功能: |
| | 名称: | 功能: |
| | 名称: | 功能: |
| | 名称: | 功能: |
| | 名称: | 功能: |

（续）

| 计算机部件图 | 计算机部件名称 | 计算机部件功能 |
| --- | --- | --- |
|  | 名称： | 功能： |
|  | 名称： | 功能： |
|  | 名称： | 功能： |

小知识

计算机各部件的功能介绍。

（1）中央处理器（Central Processing Unit，CPU） 它是电子计算机的主要部件之一。其功能主要是解释计算机指令以及处理计算机软件中的数据。计算机的可编程性主要是指对CPU 的编程。CPU、内部存储器和输入/输出设备是计算机的 3 大核心部件。

（2）内存 在计算机的组成结构中，有一个很重要的部分，就是存储器。存储器是用来存储程序和数据的部件，对于计算机来说，有了存储器，才有记忆功能，才能保证正常工作。存储器的种类很多，按其用途可分为主存储器和辅助存储器，主存储器又称内存储器。

（3）主板 又叫主机板(mainboard)、系统板(systembourd)和母板(motherboard)，它安装在机箱内，是计算机最基本的也是最重要的部件之一。主板一般为矩形电路板，上面安装了组成计算机的主要电路系统，包括 BIOS 芯片、I/O 控制芯片、键盘和面板控制开关接口、指示灯插接件、扩充插槽、主板及插卡的直流电源供电接插件等元件。主板的另一特点是采用了开放式结构。主板上大都有 6～8 个扩展插槽，供计算机外围设备的控制卡(适配器)插接。通过更换这些插卡，可以对计算机的相应子系统进行局部升级，使厂家和用户在配置机型方面有更大的灵活性。总之，主板在整个计算机系统中扮演着举足轻重的角色。可以说，主板的类型和档次决定了整个计算机系统的类型和档次，主板的性能影响着整个计算机系统的性能。

（4）硬盘　用来存储文件，它是计算机主要的存储媒介之一，由一个或者多个铝制或者玻璃制的碟片组成。这些碟片外覆盖有铁磁性材料。绝大多数硬盘都是固定硬盘，被永久性地密封固定在硬盘驱动器中。

（5）操作系统　是一种管理计算机硬件与软件资源的程序，同时也是计算机系统的内核与基石。操作系统承担着诸如管理与配置内存、决定系统资源供需的优先次序、控制输入与输出设备、操作网络与管理文件系统等基本事务。操作系统是一个庞大的管理控制程序，包括 5 个方面的管理功能：进程与处理机管理、作业管理、存储管理、设备管理、文件管理。目前计算机上常见的操作系统有 DOS、OS/2、UNIX、XENIX、 Linux、Windows、Netware 等。所有的操作系统都具有并发性、共享性、虚拟性和不确定性 4 个基本特征。

（6）显卡　它是计算机主机里的一个重要组成部分，承担输出显示图形的任务，对于喜欢玩游戏和从事专业图形设计的人来说非常重要。目前民用显卡图形芯片供应商主要包括 ATI（ATI 已被 AMI 收购）和 NVIDIA 两家。

（7）声卡(Sound Card)，也叫音频卡　声卡是多媒体技术中最基本的组成部分，是实现声波/数字信号相互转换的一种硬件。声卡的基本功能是把来自话筒、磁带、光盘的原始声音信号加以转换，输出到耳机、扬声器、扩音机、录音机等声响设备，或通过音乐设备数字接口(MIDI)使乐器发出美妙的声音。

（8）显示器　它是通过电子显像技术把图像、文字、影像呈现出来的一种设备。

（9）驱动　驱动程序即添加到操作系统中的一小块代码，它是无形的，其中包含有关硬件设备的信息。有了此信息，计算机就可以与设备进行通信。驱动程序是硬件厂商根据操作系统编写的配置文件，可以说没有驱动程序，计算机中的硬件就无法工作。由于操作系统不同，所以硬件的驱动程序也不同，各个硬件厂商为了保证硬件的兼容性及增强硬件的功能会不断地升级驱动程序。

（10）机箱　它是承载硬件的载体，把上述除了显示器的硬件按要求装在机箱里，再插上电源就可以工作了。当然要想上网还需要一个 Modem、路由器和一根网线。

5）计算机设备一般分为输入设备和输出设备，请区别表 1-5 中的计算机设备是输入设备还是输出设备。

表 1-5

| 计算机设备图 | 计算机设备名称 | 输入设备或输出设备 |
| --- | --- | --- |
| | | □输入设备<br>□输出设备 |
| | | □输入设备<br>□输出设备 |
| | | □输入设备<br>□输出设备 |
| | | □输入设备<br>□输出设备 |
| | | □输入设备<br>□输出设备 |

（续）

| 计算机设备图 | 计算机设备名称 | 输入设备或输出设备 |
|---|---|---|
| | | □输入设备<br>□输出设备 |
| | | □输入设备<br>□输出设备 |
| | | □输入设备<br>□输出设备 |

6）请填写图 1-3 中的主板接口名称。

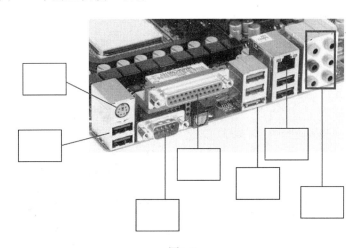

图1-3

7）请填写图 1-4 中的显卡结构图。

8）请填写图 1-5 中的内存条结构图。

11

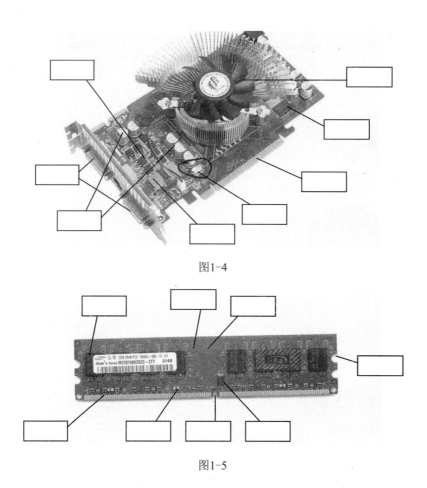

图1-4

图1-5

9）请填写图 1-6 中的声卡结构图。

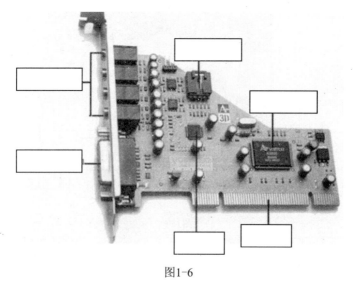

图1-6

10）请填写图 1-7、图 1-8 中的硬盘结构图。

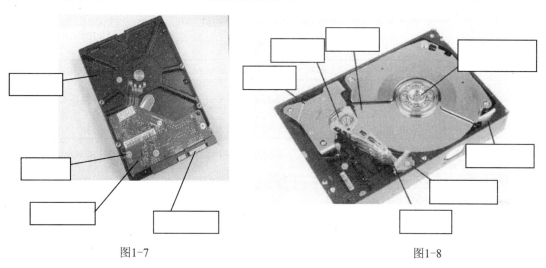

图1-7　　　　　　　　　　　　　　　　图1-8

11）请填写图 1-9 中的光驱结构图。

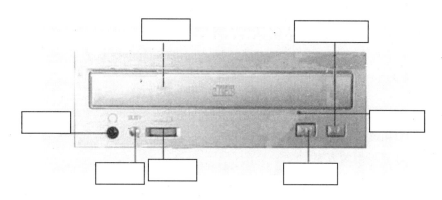

图1-9

12）请填写图 1-10 中的网卡结构图。

图1-10

## 学习评价

### 学习活动 1 考核评价表

| 学习活动名称: | | 班级: | | | 姓名: | | | |
|---|---|---|---|---|---|---|---|---|
| 评价项目 | 评价标准 | 评价依据（指信息、佐证） | 评价方式 | | | 权重 | 得分小计 | 总分 |
| | | | 自评 | 小组评价 | 教师评价 | | | |
| | | | 0.2 | 0.3 | 0.5 | | | |
| 职业素养 | 1.遵守管理规定及课堂纪律<br>2.学习积极主动、勤学好问<br>3.团队合作精神 | 1.考勤表<br>2.学习态度<br>3.小组评价意见 | | | | 0.3 | | |
| 专业能力 | 1.叙述计算机的组成及其作用<br>2.通过不同途径获取计算机硬件的最新资讯<br>3.区别计算机硬件各种型号的主要参数及其性能指标<br>4.辨别计算机硬件 | 完成工作页情况 | | | | 0.7 | | |
| 教师签名: | | | | 日期: | | | | |

## 学习活动 2  制订计算机配置清单

### 学习目标

1）通过查阅资料，识别不同型号产品的具体参数。

2）分析计算机硬件的兼容性和性价比。

3）制订出计算机组装方案。

### 学习准备

多媒体设备、工作页、相应学习材料、计算机、机箱电源、CPU、内存、硬盘、显卡、声卡、键盘、鼠标、显示器等。

### 学习地点

计算机维修工作站。

### 学习过程

#### 查询与收集

1）请问你是通过哪些网站，获取计算机硬件的最新资讯？填写出该网站的名称，见表1-6。

表 1-6

| 使用情况 | 热点硬件网站 | 网站名称 |
|---|---|---|
| ○用过<br>○未用过 | http://www.intel.com | |
| ○用过<br>○未用过 | http://www.tomshardware.com | |
| ○用过<br>○未用过 | http://www.pconline.com.cn | |
| ○用过<br>○未用过 | http://www.xbitlabs.com | |
| ○用过<br>○未用过 | http://www.amdzone.com | |
| ○用过<br>○未用过 | http://www.anandtech.com | |
| ○用过<br>○未用过 | http://www.sharkyextreme.com | |
| ○用过<br>○未用过 | http://www.zol.com.cn | |

2）请上网搜索一块主板，市场价为 500 元左右，并记录该主板的详细参数，见表 1-7。

表 1-7

| 型号 | 主板详细参数 |
|---|---|
| 芯片厂商 | |
| 芯片组或北桥芯片 | |
| CPU 插槽 | |
| 支持 CPU 类型 | |
| 主板架构 | |
| 支持内存类型 | |
| 支持通道模式 | |
| 内存插槽 | |
| 内存频率 | |
| 最大支持内存容量 | |
| 板载声卡 | |
| 板载网卡 | |
| 硬盘接口 | |
| 支持显卡标准 | |
| 扩展插槽 | |
| 扩展接口 | |
| 电源接口 | |

3）请上网搜索一个盒装的 CPU，市场价为 800 元左右，并记录该 CPU 的详细参数，见表 1-8。

表 1-8

| 型号 | CPU 详细参数 |
|---|---|
| 插槽类型 | |
| CPU 主频 | |
| 制作工艺 | |
| 一级缓存 | |
| 二级缓存 | |
| 三级缓存 | |
| 核心数量 | |
| 热设计功耗 | |
| 总线类型 | |
| 总线频率 | |
| 内核电压 | |
| 指令集 | |
| 内存控制器 | |
| 适用类型 | |
| 倍频 | |
| 外频 | |

4）请上网搜索一条内存条，市场价为 400 元左右，并记录该内存条的详细参数，见表 1-9。

表 1-9

| 型号 | 内存条详细参数 |
|---|---|
| 插槽类型 | |
| 内存容量 | |
| 容量描述 | |
| 内存类型 | |
| 内存主频 | |
| CL 延迟 | |
| 针脚数 | |
| 工作电压 | |

5）请上网搜索一块显卡，市场价为 800 元左右，并记录该显卡的详细参数，见表 1-10。

6）请上网搜索一块硬盘，市场价为 600 元左右，并记录该硬盘的详细参数，见表 1-11。

表 1-10

| 型号 | 显卡详细参数 |
|---|---|
| 芯片厂商 | |
| 显卡芯片 | |
| 显存容量 | |
| 显存位宽 | |
| 显卡功耗 | |
| 核芯频率 | |
| 显存频率 | |
| 散热方式 | |
| I/O 接口 | |
| 总线接口 | |
| 最高分辨率 | |
| 制造工艺 | |
| RAMDAC 频率 | |
| 外接电源接口 | |
| 3D API | |

表 1-11

| 型号 | 硬盘详细参数 |
|---|---|
| 适用类型 | |
| 硬盘尺寸 | |
| 硬盘容量 | |
| 盘片数量 | |
| 单碟容量 | |
| 磁头数量 | |
| 缓存 | |
| 转速 | |
| 接口类型 | |
| 接口速率 | |
| 最高分辨率 | |
| 外部传输速率 | |
| 内部传输速率 | |
| 平均寻道时间 | |
| 写入 | |
| 平均无故障时间 | |
| 产品尺寸 | |
| 产品重量 | |

7）请上网搜索一个声卡，市场价为 400 元左右，并记录该声卡的详细参数，见表 1-12。

表 1-12

| 型号 | 声卡详细参数 |
| --- | --- |
| 声道系统 | |
| 安装方式 | |
| 适用类型 | |
| 音频接口 | |
| 采样位数 | |

8）请上网搜索一个液晶显示器，市场价为 1000 元左右，并记录该液晶显示器的详细参数，见表 1-13。

表 1-13

| 型号 | 显示器详细参数 |
| --- | --- |
| 产品类型 | |
| 产品定位 | |
| 屏幕尺寸 | |
| 屏幕比例 | |
| 最佳分辨率 | |
| 面板类型 | |
| 背光类型 | |
| 动态对比度 | |
| 灰阶响应时间 | |
| 亮度 | |
| 可视角度 | |
| 显示颜色 | |
| 视频接口 | |
| 电源性能 | |
| 消耗功率 | |
| 待机 | |

9）请上网搜索一个电源，市场价为 300 元左右，并记录该电源的详细参数，见表 1-14。

表 1-14

| 型号 | 电源详细参数 |
| --- | --- |
| 电源类型 | |
| 适用范围 | |
| 电源版本 | |

（续）

| 型号 | 电源详细参数 |
|---|---|
| 出线类型 | |
| 额定功率 | |
| 最大功率 | |
| 风扇类型 | |
| 保护功能 | |
| PFC 类型 | |
| 出线类型 | |
| 主板接口 | |
| CPU 接口 | |
| 显卡接口 | |
| 硬盘接口 | |
| 供电接口 | |

10）请上网搜索一个机箱，市场价为 400 元左右，并记录该机箱的详细参数，见表 1-15。

表 1-15

| 型号 | 机箱详细参数 |
|---|---|
| 机箱类型 | |
| 机箱样式 | |
| 适用主板 | |
| 电源设计 | |
| 显卡类型 | |
| 5.25in 仓位 | |
| 3.5in 仓位 | |
| 扩展插槽 | |
| 前置接口 | |
| 散热性能 | |
| 理线功能 | |
| 防辐射 | |

11）请上网搜索两块主板，其中一块为 500 元左右，另一块为 1200 元左右，对比它们之间的详细参数，并记录它们之间不同的关键参数，见表 1-16。

表 1-16

| 主板参数对比 | | |
|---|---|---|
| 型号 | | |
| 价格 | | |

（续）

| 主板芯片 | | |
|---|---|---|
| 芯片厂商 | | |
| 主芯片组 | | |
| 芯片组描述 | | |
| 处理器规格 | | |
| CPU 平台 | | |
| CPU 类型 | | |
| CPU 插槽 | | |
| 内存规格 | | |
| 内存插槽 | | |
| 最大内存容量 | | |
| 扩展插槽 | | |
| 显卡插槽 | | |
| PCI 插槽 | | |
| SATA 接口 | | |
| I/O 接口 | | |
| USB 接口 | | |
| 外接端口 | | |
| 其他接口 | | |
| 板型 | | |
| 主板板型 | | |
| 外形尺寸 | | |

12）请上网搜索两个 CPU，其中一个为 500 元左右，另一个为 1500 元左右，对比它们之间的详细参数，并记录它们之间不同的关键参数，见表 1-17。

表 1-17

| CPU 参数对比 | | |
|---|---|---|
| 型号 | | |
| 价格 | | |
| CPU 频率 | | |
| CPU 主频 | | |
| 外频 | | |
| 倍频 | | |
| 总线类型 | | |
| 总线频率 | | |
| CPU 插槽 | | |
| 插槽类型 | | |

（续）

| 针脚数目 | | |
|---|---|---|
| CPU 内核 | | |
| 制作工艺 | | |
| 热设计功耗(TDP) | | |
| 内核电压 | | |
| 线程数 | | |
| CPU 缓存 | | |
| 一级缓存 | | |
| 二级缓存 | | |

13）请上网搜索两个显卡，其中一个为 400 元左右，另一个为 1500 元左右，对比它们之间的详细参数，并记录它们之间不同的关键参数，见表 1-18。

表 1-18

| 显卡参数对比 | | |
|---|---|---|
| 型号 | | |
| 价格 | | |
| 显卡核芯 | | |
| 显示芯片系列 | | |
| 制造工艺 | | |
| 核芯代号 | | |
| 显卡频率 | | |
| 核芯频率 | | |
| 显存频率 | | |
| 显存规格 | | |
| 显存容量 | | |
| 显存位宽 | | |
| 最高分辨率 | | |
| | | |
| 显卡接口 | | |
| 总线接口 | | |
| I/O 接口 | | |
| 外接电源接口 | | |

14）请上网搜索两个声卡，其中一个为 400 元左右，另一个为 1600 元左右，对比它们之间的详细参数，并记录它们之间不同的关键参数，见表 1-19。

21

表 1-19

| 声卡参数对比 | | |
|---|---|---|
| 型号 | | |
| 价格 | | |
| 主要性能 | | |
| 声卡类别 | | |
| 声道系统 | | |
| 安装方式 | | |
| 适用类型 | | |
| 采样位数 | | |
| 总线接口 | | |
| 其他参数 | | |
| 音频接口 | | |

15）请上网搜索两个内存条，其中一个为 300 元左右，另一个为 1300 元左右，对比它们之间的详细参数，并记录它们之间不同的关键参数，见表 1-20。

表 1-20

| 内存参数对比 | | |
|---|---|---|
| 型号 | | |
| 价格 | | |
| 基本参数 | | |
| 内存容量 | | |
| 容量描述 | | |
| 内存类型 | | |
| 内存主频 | | |
| 针脚数 | | |
| 技术参数 | | |
| CL 延迟 | | |
| 其他参数 | | |
| 工作电压 | | |
| 散热片 | | |

16）请上网搜索两个电源，其中一个为 300 元左右，另一个为 1200 元左右，对比它们之间的详细参数，并记录它们之间不同的关键参数，见表 1-21。

表 1-21

| 电源参数对比 | | |
|---|---|---|
| 型号 | | |
| 价格 | | |
| 主要性能 | | |
| 电源类型 | | |
| 适用范围 | | |
| 电源版本 | | |
| 出线类型 | | |
| 额定功率 | | |
| 最大功率 | | |
| 风扇类型 | | |
| 电源尺寸 | | |

17）请上网搜索两个机箱，其中一个为 200 元左右，另一个为 1200 元左右，对比它们之间的详细参数，并记录它们之间不同的关键参数，见表 1-22。

表 1-22

| 机箱参数对比 | | |
|---|---|---|
| 型号 | | |
| 价格 | | |
| 基本参数 | | |
| 机箱类型 | | |
| 机箱结构 | | |
| 适用主板 | | |
| 扩展参数 | | |
| 5.25in 仓位 | | |
| 3.5in 仓位 | | |
| 扩展插槽 | | |
| 前置接口 | | |
| 功能参数 | | |
| 散热性能 | | |
| 其他特点 | | |

18）请上网搜索两个液晶显示器，其中一个为 600 元左右，另一个为 2500 元左右，对比它们之间的详细参数，并记录它们之间不同的关键参数，见表 1-23。

表 1-23

| 显示器参数对比 | | |
|---|---|---|
| 型号 | | |
| 价格 | | |
| 主要性能 | | |
| 屏幕尺寸 | | |
| 屏幕比例 | | |
| 最大分辨率 | | |
| 最佳分辨率 | | |
| 动态对比度 | | |
| 黑白响应时间 | | |
| 高清标准 | | |
| 静态对比度 | | |
| 灰阶响应时间 | | |
| 点距 | | |
| 亮度 | | |
| 可视面积 | | |

19）请上网搜索两个键盘，其中一个为 150 元左右，另一个为 1000 元左右，对比它们之间的详细参数，并记录它们之间不同的关键参数，见表 1-24。

表 1-24

| 键盘参数对比 | | |
|---|---|---|
| 型号 | | |
| 价格 | | |
| 技术参数 | | |
| 按键技术 | | |
| 按键行程 | | |
| 按键寿命 | | |
| 多媒体功能键 | | |
| USB HUB | | |
| 音频接口 | | |
| 人体工学 | | |
| 手托 | | |
| 防水功能 | | |

20）请上网搜索两个鼠标，其中一个为 150 元左右，另一个为 800 元左右，对比它们之间的详细参数，并记录它们之间不同的关键参数，见表 1-25。

表 1-25

| 鼠标参数对比 | | |
|---|---|---|
| 型号 | | |
| 价格 | | |
| 技术参数 | | |
| 工作方式 | | |
| 连接方式 | | |
| 按键数 | | |
| 最高分辨率 | | |
| 刷新率 | | |
| 人体工学 | | |
| 按键寿命 | | |

21）请上网搜索资料，根据市场价，列出一台价格为 4000 元左右的家用台式计算机配置清单，见表 1-26。

表 1-26

| 配件 | 数量 | 单价 | 品牌型号 | 价格 |
|---|---|---|---|---|
| CPU | | | | |
| 主板 | | | | |
| 内存 | | | | |
| 硬盘 | | | | |
| 显卡 | | | | |
| 声卡 | | | | |
| 刻录机 | | | | |
| 显示器 | | | | |
| 鼠标 | | | | |
| 键盘 | | | | |
| 机箱 | | | | |
| 电源 | | | | |
| 音箱 | | | | |
| | | | 价格总计： | 元 |

| 本方案的特点 | 采用理由 |
|---|---|
| | |

22）请写出以上计算机配置清单配件的关键参数，见表 1-27。

表 1-27

| 配件名称：主板 | | 配件名称：CPU | |
|---|---|---|---|
| 型号 | | 型号 | |
| 芯片厂商 | | 芯片厂方 | |
| CPU 插槽 | | 接口类型 | |
| 支持内存类型 | | 主频 | |
| 内存频率 | | 外频 | |
| 硬盘接口 | | 倍频 | |
| 支持显卡标准 | | 一级缓存 | |
| 价格 | | 价格 | |
| 配件名称：内存 | | 配件名称：显卡 | |
| 型号 | | 型号 | |
| 内存类型 | | 芯片厂方 | |
| 内存主频 | | 核心位宽 | |
| 内存总容量 | | 显卡接口标准 | |
| 插脚数目 | | 输出接口 | |
| 内存电压 | | 显存容量 | |
| 价格 | | 价格 | |
| 配件名称：硬盘 | | 配件名称：显示器 | |
| 型号 | | 型号 | |
| 容量 | | 尺寸 | |
| 转速 | | 点距 | |
| 缓存容量 | | 屏幕比例 | |
| 盘体尺寸 | | 接口类型 | |
| 接口标准 | | 分辨率 | |
| 价格 | | 价格 | |

# 学习评价

## 学习活动 2 考核评价表

| 学习活动名称： | | 班级： | | | 姓名： | | | | |
|---|---|---|---|---|---|---|---|---|---|
| 评价项目 | 评价标准 | 评价依据（指信息、佐证） | 评价方式 | | | 权重 | 得分小计 | 总分 | |
| | | | 自评 | 小组评价 | 教师评价 | | | | |
| | | | 0.2 | 0.3 | 0.5 | | | | |
| 职业素养 | 1.遵守管理规定及课堂纪律 2.学习积极主动、勤学好问 3.团队合作精神 | 1.考勤表 2.学习态度 3.小组评价意见 | | | | 0.3 | | | |
| 专业能力 | 1.通过查阅资料，识别不同型号产品的具体参数 2.分析计算机硬件的兼容性和性价比 3.制定出计算机组装的方案 | 完成工作页情况 | | | | 0.7 | | | |
| 教师签名： | | | | | 日期： | | | | |

## 学习活动 3　组装计算机硬件

### 学习目标

1）识别计算机组装工具及使用注意事项。
2）正确安装 CPU、内存、主板、显卡。
3）正确安装主机电源、声卡、硬盘、光驱。
4）连接机箱内部数据线及信号线。
5）连接显示器和其他外设。

### 学习准备

多媒体设备、工作页、相应学习材料、计算机、机箱电源、CPU、内存、硬盘、显卡、声卡、键盘、鼠标、显示器等。

### 学习地点

计算机维修工作站。

### 学习过程

 引导问题

1）请识别表 1-28 中组装计算机常用的工具和耗材，叙述这些工具和耗材的使用注意事项。

表 1-28

| 常用工具图 | 工具名称 | 使用注意事项 |
|---|---|---|
|  |  |  |

（续）

| 常用工具图 | 工具名称 | 使用注意事项 |
|---|---|---|
| | | |
| | | |
| | | |
| | | |
| | | |

（续）

| 常用工具图 | 工具名称 | 使用注意事项 |
|---|---|---|
| 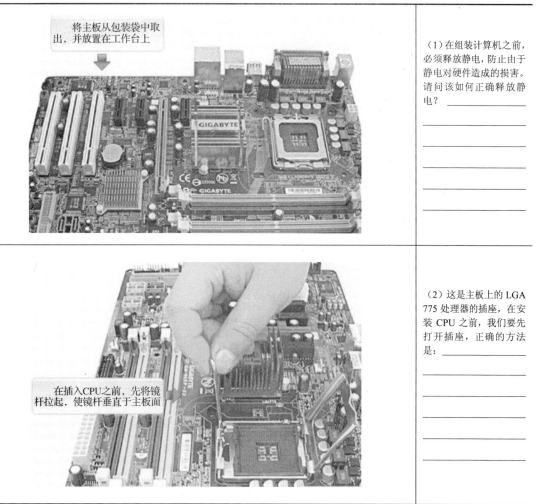 | | |

2）根据表 1-29 中组装计算机的步骤系列图，完成计算机的组装，并完成各个步骤的问答题。

表 1-29

| | |
|---|---|
| 将主板从包装袋中取出，并放置在工作台上 | （1）在组装计算机之前，必须释放静电，防止由于静电对硬件造成的损害。请问该如何正确释放静电？ _____ _____ _____ _____ _____ |
| 在插入CPU之前，先将镜杆拉起，使镜杆垂直于主板面 | （2）这是主板上的 LGA 775 处理器的插座，在安装 CPU 之前，我们要先打开插座，正确的方法是：_____ _____ _____ _____ _____ |

（续）

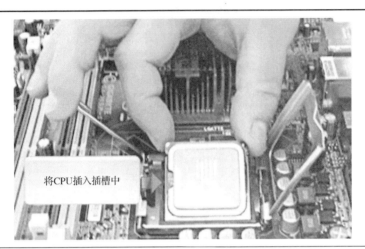

将CPU插入插槽中

（3）当前市场中，英特尔处理器均采用了 LGA 775 接口，无论是入门的赛扬处理器，还是中端的奔腾 E 与 Core 2，甚至高端的四核 Core 2，其接口均为 LGA775，安装方式完全一致。

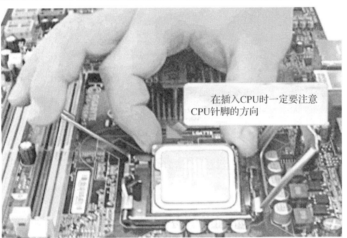

在插入CPU时一定要注意 CPU针脚的方向

（4）LGA 775 接口的英特尔处理器全部采用了_____设计，与 AMD 的针式设计相比，最大的优势是_____
_____
_____，
但对处理器的插座要求则更高。

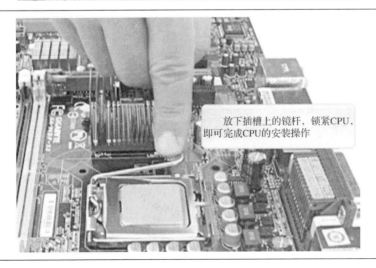

放下插槽上的镜杆，锁紧CPU，即可完成CPU的安装操作

（5）在安装时，处理器上印有_____标识的那个角要与主板上印有_____标识的那个角对齐，然后慢慢地将处理器轻压到位。将 CPU 安放到位以后，盖好_____，并反方向稍微用力扣下处理器的_____。至此 CPU 便被稳稳地安装到主板上了。

（续）

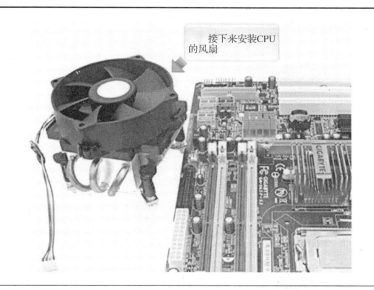

接下来安装CPU的风扇

（6）由于 CPU 发热量较大，所以选择一款散热性能出色的散热器特别关键，但如果散热器安装不当，散热的效果就会大打折扣。

首先在CPU表面上均匀涂抹一层硅胶，有助于将热量由处理器传导至散热装置上

（7）提问：涂抹硅胶时，有什么地方要注意？

_____

_____

_____

_____

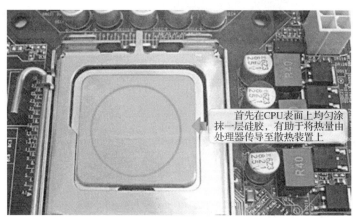

将风扇的固定插脚固定在主板上，保证CPU与散热风扇之间的紧密接触

（8）安装时，将散热器对准主板相应的位置，然后用力压下 _____

即可。有些散热器采用了

_____设计，因此在安装时还要在主板背面相应的位置安放螺母。

（续）

最后按照主板说明书，将散热器风扇的电源插头插入主板对应的供电插槽上，完成CPU风扇的安装

（9）固定好散热器后，我们还要将散热风扇接到主板的接口上。找到主板上安装风扇的接口（主板上的标识字符为_____），将风扇插头插入即可。

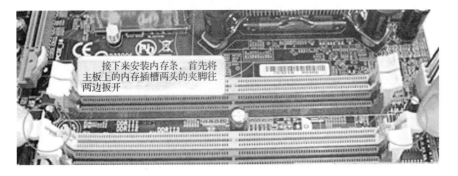

接下来安装内存条，首先将主板上的内存插槽两头的夹脚往两边扳开

（10）主板上的内存插槽一般都采用两种不同的颜色来区分_____与_____。例如左图，将两条规格相同的内存条插入到相同颜色的插槽中，即打开了___功能。

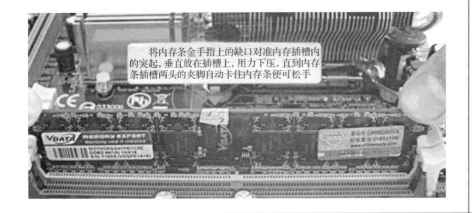

将内存条金手指上的缺口对准内存插槽内的突起，垂直放在插槽上，用力下压，直到内存条插槽两头的夹脚自动卡住内存条便可松手

（11）安装内存时，先用手将内存插槽两端的_____打开，然后将内存平行放入_____中，用两个拇指按住内存两端轻微向下压，听到"啪"的一声响后，即说明内存安装到位。

（续）

| | |
|---|---|
| 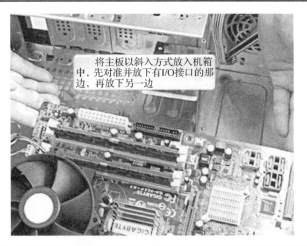将主板以斜入方式放入机箱中，先对准并放下有I/O接口的那边，再放下另一边 | （12）在安装主板之前，先将机箱提供的_____安放到机箱主板托架的对应位置（有些机箱购买时就已经安装）。 |
| 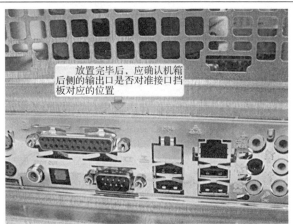放置完毕后，应确认机箱后侧的输出口是否对准接口挡板对应的位置 | （13）确定机箱安放到位，可以通过机箱背部的_____来确定。 |
| 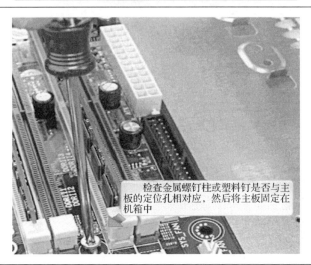检查金属螺钉柱或塑料钉是否与主板的定位孔相对应，然后将主板固定在机箱中 | （14）拧紧螺钉，固定好主板。在装螺钉时，注意先不要把每颗螺钉都拧紧，等全部螺钉安装到位后，再将每颗螺钉拧紧，这样做有什么好处呢？_____ |

（续）

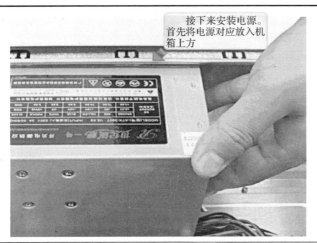

接下来安装电源。首先将电源对应放入机箱上方

（15）电源一般安装在主机箱的什么位置？

_____

_____

_____

_____

_____

_____

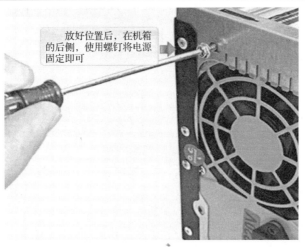

放好位置后，在机箱的后侧，使用螺钉将电源固定即可

（16）机箱电源的安装，方法比较简单，放入到位后，拧紧螺钉即可。

拧紧固定螺钉，固定显卡

（17）先确定 AGP/PCI-E 显卡插槽的位置，根据 AGP/PCI-E 插槽的位置拆除机箱背后相应的_____

_____。

（续）

接下来安装显卡。首先将显卡插入主板的AGP插槽中

（18）用手轻握显卡两端，垂直对准主板上的_____，向下轻压到位后，再用_____固定即完成了显卡的安装过程。

目前，大多数的主板上都集成了声卡和网卡

（19）找到白色___插槽，把声卡/网卡插到底，最后用螺钉固定。

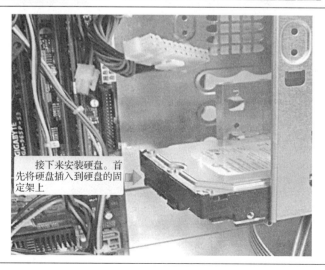

接下来安装硬盘。首先将硬盘插入到硬盘的固定架上

（20）对于普通的机箱，我们只需要将硬盘放入机箱的_____上，拧紧螺钉使其固定即可。

（续）

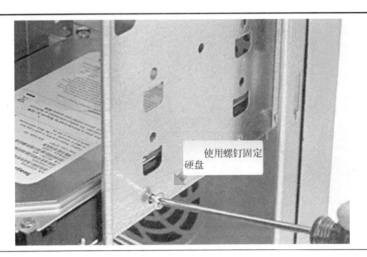

使用螺钉固定硬盘

（21）将托架重新装入机箱，并将_____拉回原位固定好硬盘托架。简单的几步便将硬盘稳稳地装入机箱中。

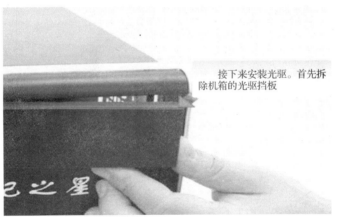

接下来安装光驱。首先拆除机箱的光驱挡板

（22）在安装前我们先要将类似于抽屉设计的_____安装到光驱上。

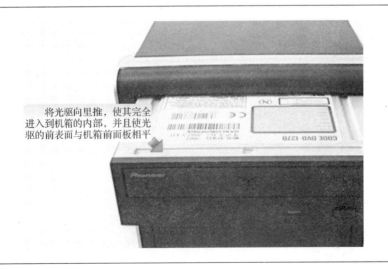

将光驱向里推，使其完全进入到机箱的内部，并且使光驱的前表面与机箱前面板相平

（23）在光驱安装好_____，像推拉抽屉一样，将光驱推入_____中。

（续）

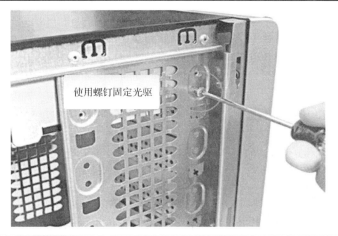

使用螺钉固定光驱

（24）最后，使用螺钉固定好光驱。

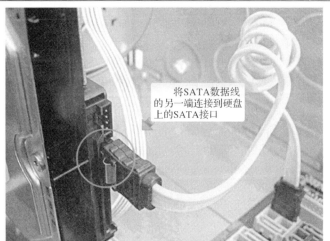

将SATA数据线的另一端连接到硬盘上的SATA接口

（25）左图黄色的为____，安装时将其按入即可。接口全部采用____设计，反方向无法插入。

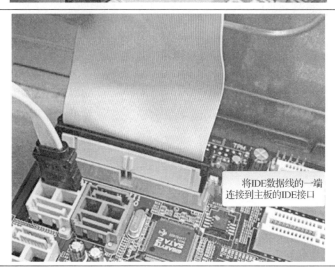

将IDE数据线的一端连接到主板的IDE接口

（26）目前大部分主板采用了_____的供电电源设计。

（续）

将IDE数据线的另一端连接到光驱的IDE接口

（27）光驱数据线安装，均采用_____设计，安装数据线时可以看到 IDE 数据线的一侧有一条蓝或红色的线，这条线位于_____接口一侧。

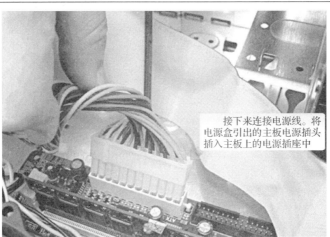

接下来连接电源线。将电源盒引出的主板电源插头插入主板上的电源插座中

（28）一般的主板都提供两个IDE 插槽，标示为_____和_____，插槽的边框上有设计，防止用户连接错误。

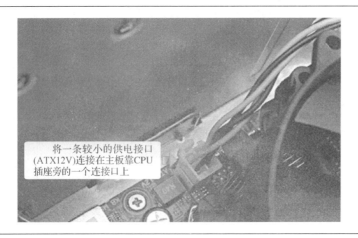

将一条较小的供电接口(ATX12V)连接在主板靠CPU插座旁的一个连接口上

（29）将硬盘数据线连接到主板时，先将接头上的凸起对准 IDE 插槽上的_____，便可正确地将数据线插入_____插槽中。

（续）

连接硬盘电源线

（30）主板 IDE 插槽和硬盘间的数据线长度越____越好。

_____

_____

连接光驱电源线

（31）对机箱内的各种线缆进行简单的整理，以提供良好的____空间，这一点大家一定要注意。

（32）请写出左图每条跳线的英文所代表的意思。

_____

_____

_____

　　最后一步就是连接机箱控制开关与主板之间的连接。由机箱面板上引出的导线有很多，对应的连线有电源开关、复位开关、电源灯、硬盘灯、指示器等。一般情况下，这些连接线的接头都有英文标注

（续）

（33）此步骤操作注意事项：

_____
_____
_____
_____
_____

完成了机箱内部的电源和数据线的连接后，盖好机箱两侧的盖板

（34）盖上机箱盖，连接外部设备。

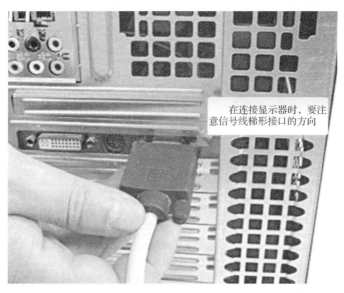

在连接显示器时，要注意信号线梯形接口的方向

（35）显示器信号线插头是 D 形针接头，一端应插在显示卡的 D 形_____孔插座上，另一端插在_____上。

（续）

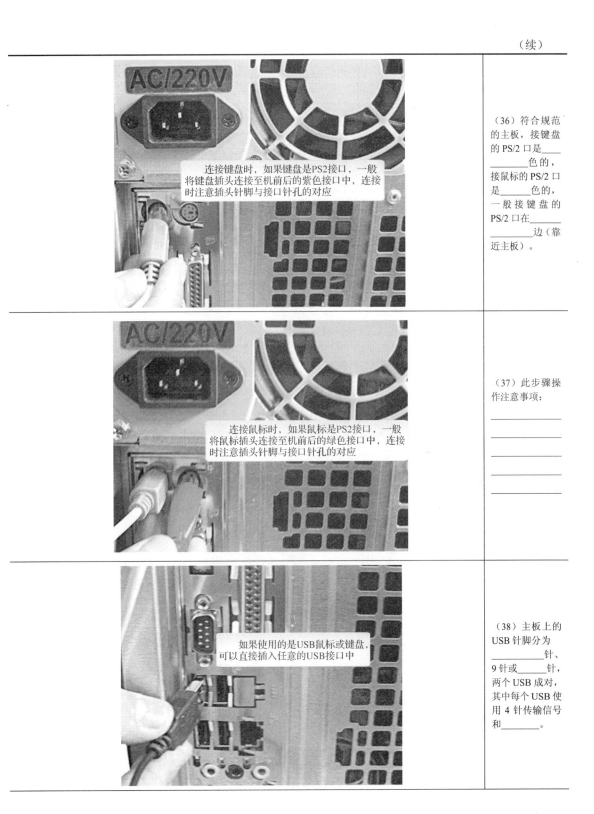

（36）符合规范的主板，接键盘的 PS/2 口是＿＿＿＿＿＿色的，接鼠标的 PS/2 口是＿＿＿＿色的，一般接键盘的 PS/2 口在＿＿＿＿＿＿边（靠近主板）。

连接键盘时，如果键盘是PS2接口，一般将键盘插头连接至机前后的紫色接口中，连接时注意插头针脚与接口针孔的对应

（37）此步骤操作注意事项：
＿＿＿＿＿＿＿＿＿
＿＿＿＿＿＿＿＿＿
＿＿＿＿＿＿＿＿＿
＿＿＿＿＿＿＿＿＿
＿＿＿＿＿＿＿＿＿

连接鼠标时，如果鼠标是PS2接口，一般将鼠标插头连接至机前后的绿色接口中，连接时注意插头针脚与接口针孔的对应

（38）主板上的 USB 针脚分为＿＿＿＿＿＿针、9 针或＿＿＿＿针，两个 USB 成对，其中每个 USB 使用 4 针传输信号和＿＿＿＿＿＿。

如果使用的是USB鼠标或键盘，可以直接插入任意的USB接口中

（续）

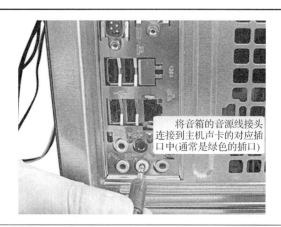

将音箱的音源线接头连接到主机声卡的对应插口中(通常是绿色的插口)

（39）通常有源音箱连接在_____端口或_____端口上，无源音箱插在_____端口上。

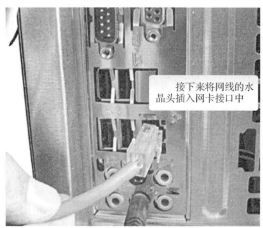

接下来将网线的水晶头插入网卡接口中

（40）此步骤操作注意事项：

_____

_____

_____

_____

_____

最后连接机箱电源线和显示器电源线，即可成电脑组装操作

AC/220

（41）主机电源接口上有_____

_____只插座，连接主机电源时将电源线的一端插入主机_____针电源输入插座，再将另一端的电源插头插入电源输入插座。

## 学习评价

学习活动 3 考核评价表

| 学习活动名称： | | 班级： | | | 姓名： | | | |
|---|---|---|---|---|---|---|---|---|
| 评价项目 | 评价标准 | 评价依据（指信息、佐证） | 评价方式 | | | 权重 | 得分小计 | 总分 |
| | | | 自评 | 小组评价 | 教师评价 | | | |
| | | | 0.2 | 0.3 | 0.5 | | | |
| 职业素养 | 1.遵守管理规定及课堂纪律<br>2.学习积极主动、勤学好问<br>3.团队合作精神 | 1.考勤表<br>2.学习态度<br>3.小组评价意见 | | | | 0.3 | | |
| 专业能力 | 1. 识别计算机组装工具及使用注意事项<br>2. 正确安装 CPU、内存、主板、显卡<br>3. 正确安装主机电源、声卡、硬盘、光驱<br>4. 连接机箱内部数据线及信号线<br>5. 连接显示器和其他外设 | 完成工作页情况 | | | | 0.7 | | |
| 教师签名： | | | | 日期： | | | | |

注：评价分值均为百分制，小数点后保留 1 位；总分为整数。

## 学习活动 4　BIOS 设置

### 学习目标

1）识别不同的 BIOS 类型。

2）根据 BIOS 自检报警声，诊断计算机故障。

3）在计算机加电自检程序中，根据显示器上显示的提示信息诊断计算机故障。

4）根据需要，正确设置 BIOS 选项。

### 学习准备

多媒体设备、工作页、相应学习材料、计算机等。

### 学习地点

计算机维修工作站。

### 学习过程

 引导问题

1）请按表 1-30 里的图片，识别 BIOS 的类型。

表 1-30

| BIOS 类型 | 不同 BIOS 类型设置界面 |
|---|---|
| | 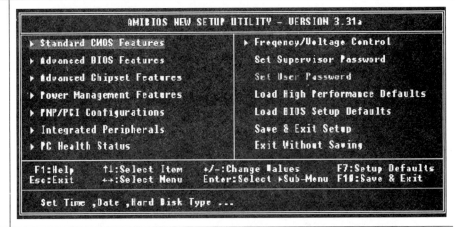 |
| | 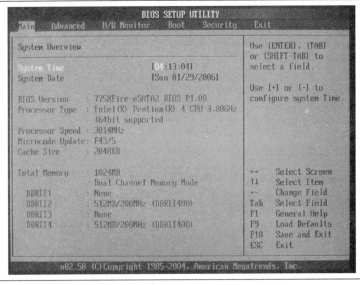 |

（续）

| BIOS 类型 | 不同 BIOS 类型设置界面 |
|---|---|
|  | 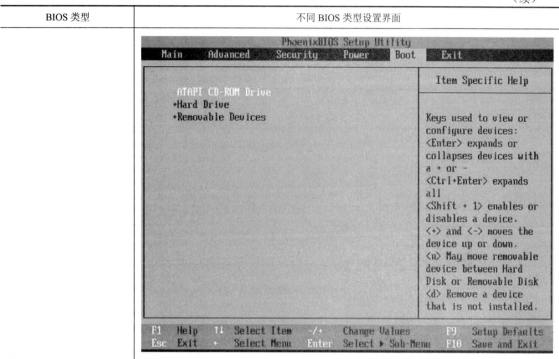 |

2）请填写表 1-31 中的 AMIBIOS 自检过程中出现的报警声的含义。

表 1-31

| 自检报警声 | 含义 |
|---|---|
| 1 短 |  |
| 2 短 |  |
| 3 短 |  |
| 4 短 |  |
| 5 短 |  |
| 6 短 |  |
| 7 短 |  |
| 8 短 |  |
| 9 短 |  |
| 10 短 |  |
| 11 短 |  |
| 1 长 3 短 |  |
| 1 长 8 短 |  |

3）请填写表 1-32 中的 Phoenix-Award BIOS 报警声的含义。

表 1-32

| 报警声 | 含义 | 报警声 | |
|---|---|---|---|
| 1 短 | | 1 短 4 短 3 短 | |
| 3 短 | | 1 短 4 短 4 短 | |
| 1 短 1 短 2 短 | | 2 短 1 短 1 短 | |
| 1 短 1 短 3 短 | | 3 短 1 短 1 短 | |
| 1 短 1 短 4 短 | | 3 短 1 短 2 短 | |
| 1 短 2 短 1 短 | | 3 短 1 短 3 短 | |
| 1 短 2 短 2 短 | | 3 短 1 短 4 短 | |
| 1 短 2 短 3 短 | | 3 短 2 短 4 短 | |
| 1 短 3 短 1 短 | | 3 短 3 短 4 短 | |
| 1 短 3 短 2 短 | | 3 短 4 短 2 短 | |
| 1 短 3 短 3 短 | | 3 短 4 短 3 短 | |
| 1 短 4 短 1 短 | | 4 短 2 短 1 短 | |

4）请填写表 1-33 中的 Phoenix BIOS 报警声的含义。

表 1-33

| 报警声 | 含义 | 报警声 | |
|---|---|---|---|
| 1 短 | | 3 短 1 短 1 短 | |
| 1 短 1 短 1 短 | | 3 短 1 短 2 短 | |
| 1 短 1 短 2 短 | | 3 短 1 短 3 短 | |
| 1 短 1 短 3 短 | | 3 短 1 短 4 短 | |
| 1 短 1 短 4 短 | | 3 短 2 短 4 短 | |
| 1 短 2 短 1 短 | | 3 短 3 短 4 短 | |
| 1 短 2 短 2 短 | | 3 短 4 短 2 短 | |
| 1 短 2 短 3 短 | | 3 短 4 短 3 短 | |
| 1 短 3 短 1 短 | | 4 短 2 短 2 短 | |
| 1 短 3 短 2 短 | | 4 短 2 短 3 短 | |
| 1 短 3 短 3 短 | | 4 短 2 短 4 短 | |
| 1 短 4 短 1 短 | | 4 短 3 短 1 短 | |
| 1 短 4 短 2 短 | | 4 短 3 短 3 短 | |
| 1 短 4 短 3 短 | | 4 短 3 短 4 短 | |
| 1 短 4 短 4 短 | | 4 短 4 短 1 短 | |
| 2 短 1 短 1 短 | | 4 短 4 短 2 短 | |

5）根据表 1-34 中的显示器显示的提示信息图诊断计算机故障。

表 1-34

| 提示信息 | 故障诊断 |
|---|---|

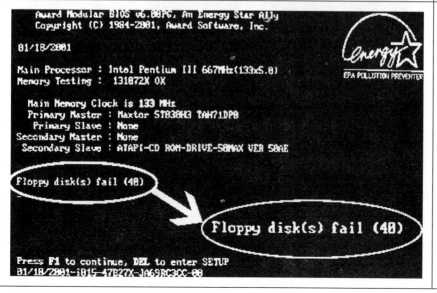

（续）

| 提示信息 | 故障诊断 |
|---|---|
| 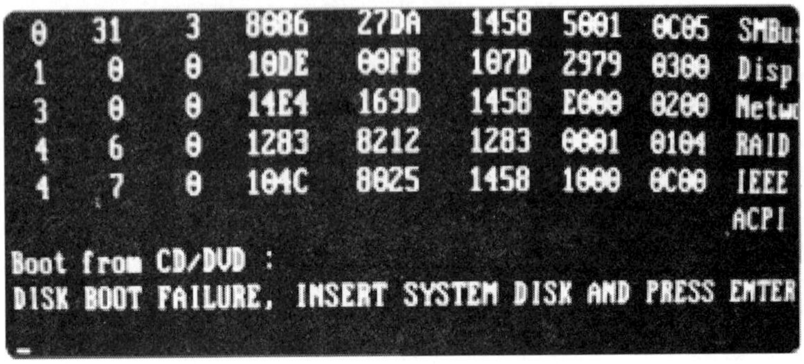 | |
| 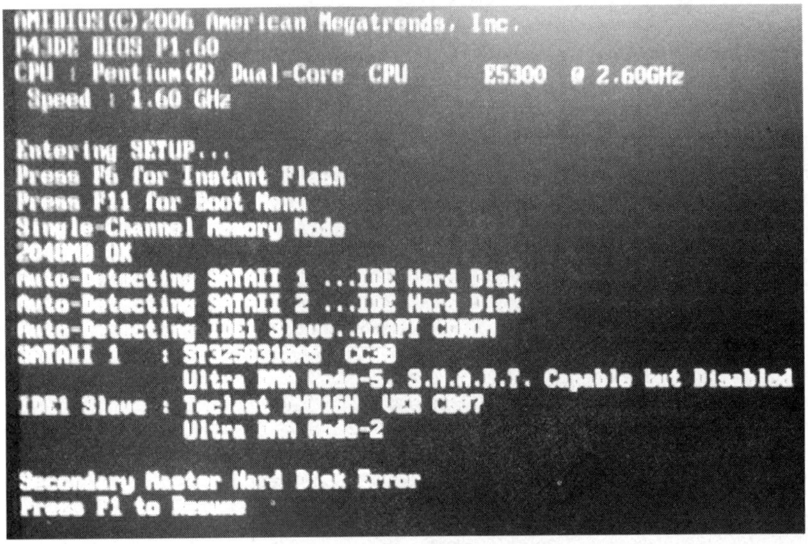 | |
| 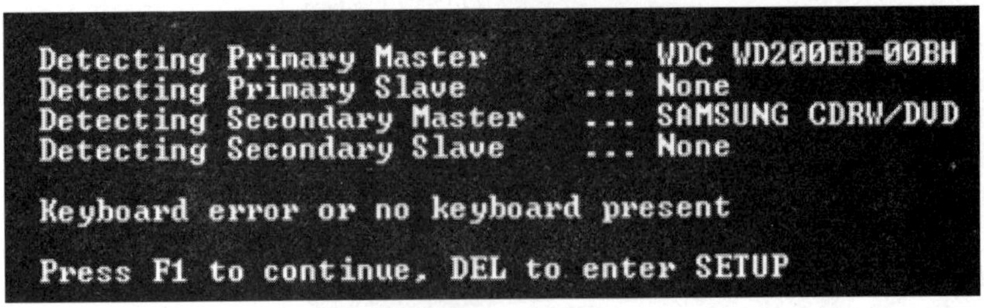 | |

6）根据图 1-11 中的 AWARD BIOS 标识，填写表 1-35 中的设置项目。

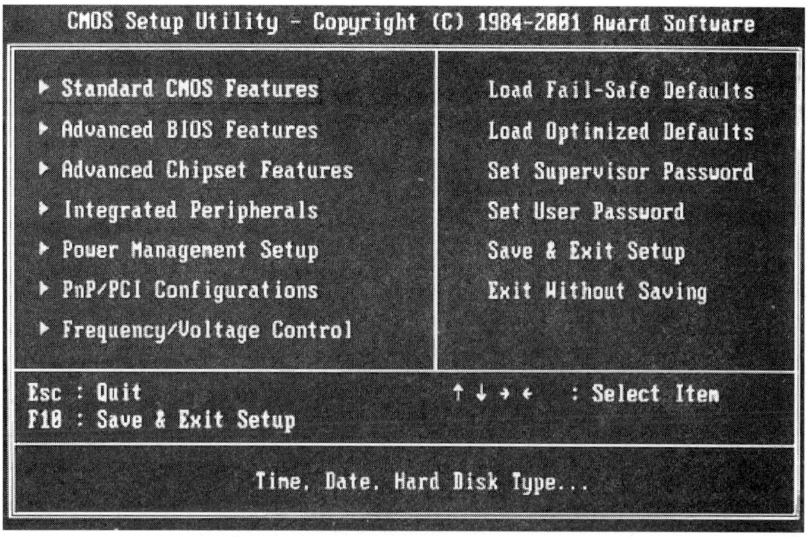

```
CMOS Setup Utility - Copyright (C) 1984-2001 Award Software

   ▶ Standard CMOS Features          Load Fail-Safe Defaults
   ▶ Advanced BIOS Features          Load Optimized Defaults
   ▶ Advanced Chipset Features       Set Supervisor Password
   ▶ Integrated Peripherals          Set User Password
   ▶ Power Management Setup          Save & Exit Setup
   ▶ PnP/PCI Configurations          Exit Without Saving
   ▶ Frequency/Voltage Control

   Esc : Quit                    ↑ ↓ → ←    : Select Item
   F10 : Save & Exit Setup

                   Time, Date, Hard Disk Type...
```

图1-11

表 1-35

| AWARD BIOS 设置项目 | 项目中文翻译 | 项目功能 |
|---|---|---|
| Standard CMOS Features | | |
| Advanced BIOS Features | | |
| Advanced Chipset Features | | |
| Integrated Peripherals | | |
| Power Management Setup | | |
| PNP/PCI Configurations | | |
| Frequency/Voltage Control | | |
| Load Fail-Safe Defaults | | |
| Load Optimized Defaults | | |
| Set Supervisor Password | | |
| Set User Password | | |
| Save & Exit Setup | | |
| Exit Without Saving | | |

### 小知识

AWARD BIOS 设置的操作方法。

按方向键 "↑、↓、←、→" 移动到需要操作的项目上。

按<Enter>键，选定此选项。

按<Esc>键，从子菜单回到上一级菜单或者跳到退出菜单。

按<+>或<PgUp>键，增加数值或改变选择项。

49

按<->或<PgDn>键，减少数值或改变选择项。

按<F1>键，主题帮助，仅在状态显示菜单和选择设定菜单有效。

按<F5>键，从 CMOS 中恢复上一次的 CMOS 设定值，仅在选择设定菜单有效。

按<F6>键，从故障保护默认值表加载 CMOS 值，仅在选择设定菜单有效。

按<F7>键，加载优化默认值。

按<10>键，保存改变后的 CMOS 设定值并退出。

操作方法：在主菜单上用方向键选择要操作的项目，然后按<Enter>键进入该项子菜单，在子菜单中用方向键选择要操作的项目，然后按<Enter>键进入该子项，再用方向键选择，完成后按<Enter>键确认，最后按<F10>键保存改变后的 CMOS 设定值并退出(或按<Esc>键退回上一级菜单，退回主菜单后选择"Save & Exit Setup"再按<Enter>键，在弹出的确认窗口中输入"Y"然后再按<Enter>键确认，即保存对 BIOS 的修改并退出 Setup 程序。

7）根据表 1-36 中的 AWARD BIOS 系列图，完成设置光驱为第一启动顺序操作过程。

表 1-36

| (1)开机按_____键进入 BIOS 设置界面,选择_____设置项,再按<Enter>键。 | |
| (2)设置_____项目,按<PgUp>键或<PgDn>键选择。 | |

（续）

| | |
|---|---|
| (3)设置为_____即为启动顺序为光驱启动、硬盘、软驱。 | 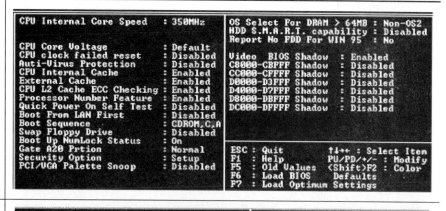 |
| (4)按_____键退出，按_____保存，选择输入"Y"再按<Enter>键确认。 | 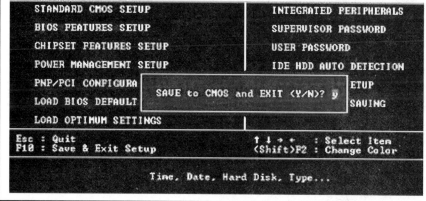 |

## 查询与收集

请上网搜索资料，记录表 1-37 中的 PHOENIX BIOS 和 AMI BIOS 设置的光驱启动操作步骤。

表 1-37

| | |
|---|---|
| 在 PHOENIX BIOS 中，设置光驱启动操作步骤 | (1) |
| | (2) |
| | (3) |
| | (4) |
| | 补充： |
| 在 AMI BIOS 中，设置光驱启动操作步骤 | (1) |
| | (2) |
| | (3) |
| | (4) |
| | 补充： |

## 学习评价

### 学习活动 4 考核评价表

| 学习活动名称： | | 班级： | | | 姓名： | | | |
|---|---|---|---|---|---|---|---|---|
| 评价项目 | 评价标准 | 评价依据（指信息、佐证） | 评价方式 | | | 权重 | 得分小计 | 总分 |
| | | | 自评 | 小组评价 | 教师评价 | | | |
| | | | 0.2 | 0.3 | 0.5 | | | |
| 职业素养 | 1.遵守管理规定及课堂纪律<br>2.学习积极主动、勤学好问<br>3.团队合作精神 | 1.考勤表<br>2.学习态度<br>3.小组评价意见 | | | | 0.3 | | |
| 专业能力 | 1.识别不同的 BIOS 类型<br>2.根据 BIOS 自检报警声，诊断计算机故障<br>3.在计算机加电自检程序中，根据显示器上显示的提示信息诊断计算机故障<br>4.根据需要，正确设置 BIOS 选项 | 完成工作页情况 | | | | 0.7 | | |
| 教师签名： | | | | 日期： | | | | |

注：评价分值均为百分制，小数点后保留 1 位；总分为整数。

## 学习活动 5　硬盘分区与格式化

### 学习目标

1）识别硬盘分区、格式化工具。

2）使用 FDISK 命令进行硬盘的分区。

3）使用 FORMAT 命令进行硬盘的格式化。

4）利用 DM 工具对硬盘进行分区格式化操作。

5）在 Windows 界面下，进行分区格式化操作。

### 学习准备

多媒体设备、工作页、相应学习材料、计算机、启动引导光盘（带 FDISK、FORMAT 和 DM 工具）等。

### 学习地点

计算机维修工作站。

学习过程

**引导问题**

1）请按表 1-38 中的图片引导，填写识别硬盘分区、格式化的工具或方法。

表 1-38

| | |
|---|---|
| ```
shunsheng. yeah. net
Fixed Disk Setup Program
(C)Copyright Microsoft Corp. 1983-1997

PDISK Options

Current fixed disk drive: 1

Choose one of the following:

1. Create DOS partition or Logical DOS Drive
2. Set active partition
3. Delete partition or Logical DOS Drive
4. Display partition information
5. Change current fixed disk drive

Enter choice: [4]


Press Esc to exit PDISK
``` | （1）分区、格式化的工具或方法：_____<br>_____<br>_____<br>_____ |
| ```
A:\>format c: /s

WARNING, ALL DATA ON NON-REMOVABLE DISK
DRIVE C: WILL BE LOST!
Proceed with Format (Y/N)?y


Formatting 4,133.88M
Format Complete.
Writing out file allocation table
  80 percent completed.
``` | （2）分区、格式化的工具或方法：_____<br>_____<br>_____ |
| ```
SEAGATE  TECHNOLOGY
Disk Manager  Version 9.56'

Select the operating system you
are using or plan to install.

Windows 95, 95A, 95 OSR1 (FAT 16)
Windows 95 OSR2, 98, 98SE, Me, 2000 (FAT 16 or 32)
Windows NT 3.51 (or earlier)
Windows NT 4.0  (or later) or OS/2
DOS/Windows 3.1x (FAT 16)
Other Operating System
Return to previous menu
``` | （3）分区、格式化的工具或方法：_____<br>_____<br>_____<br>_____ |
```

（续）

| | |
|---|---|
| 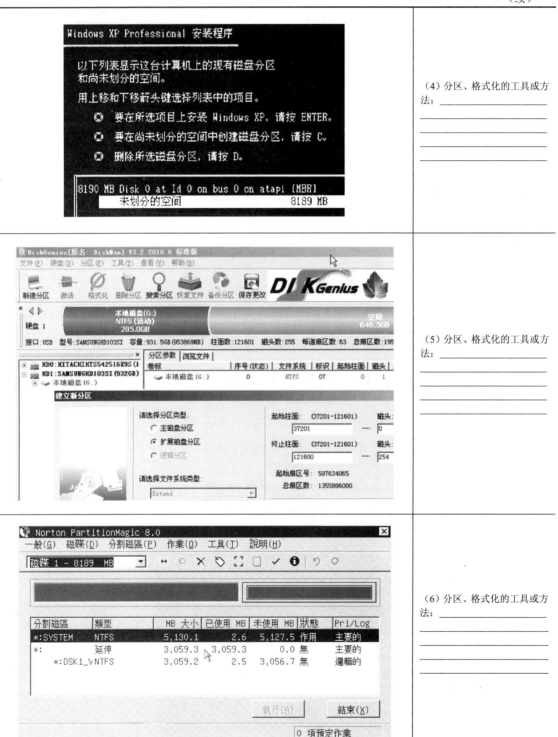 | （4）分区、格式化的工具或方法：＿＿＿＿＿＿＿＿＿＿＿＿＿＿＿＿＿＿＿＿＿＿＿＿＿＿＿＿＿＿＿＿＿＿＿＿＿＿＿＿＿＿＿＿＿＿ |
| | （5）分区、格式化的工具或方法：＿＿＿＿＿＿＿＿＿＿＿＿＿＿＿＿＿＿＿＿＿＿＿＿＿＿＿＿＿＿＿＿＿＿＿＿＿＿＿＿＿＿＿＿＿＿ |
| | （6）分区、格式化的工具或方法：＿＿＿＿＿＿＿＿＿＿＿＿＿＿＿＿＿＿＿＿＿＿＿＿＿＿＿＿＿＿＿＿＿＿＿＿＿＿＿＿＿＿＿＿＿＿ |

**小知识**

根据目前流行的操作系统来看，常用的系统分区格式有 3 种，分别是 FAT16、FAT32、NTFS。

（1）FAT16　这是 MS-DOS 和最早期的 Windows 95 操作系统中使用的磁盘分区格式。它采用 16 位的文件分配表，是目前获得操作系统支持最多的一种磁盘分区格式，几乎所有的操作系统都支持这种分区格式，从 DOS、Windows 95、Windows OSR2 到现在的 Windows 98、Windows Me、Windows NT、Windows 2000，甚至最新的 Windows XP 都支持 FAT16，但它最大的缺点是只支持 2GB 的硬盘分区。FAT16 分区格式的另外一个缺点是：磁盘利用效率低（具体的技术细节请参阅相关资料）。为了解决这个问题，微软公司在 Windows 95 OSR2 中推出了一种全新的磁盘分区格式——FAT32。

（2）FAT32　这种格式采用 32 位的文件分配表，对磁盘的管理能力大大增强，突破了 FAT16 下每一个分区的容量只有 2GB 的限制。由于现在的硬盘生产成本下降，其容量越来越大，运用 FAT32 的分区格式后，就可以将一个大容量硬盘定义成一个分区而不必分为几个分区使用，大大方便了对磁盘的管理。而且，FAT32 与 FAT16 相比，可以极大地减少磁盘的浪费，提高磁盘利用率。目前，Windows 95 OSR2 以后的操作系统都支持这种分区格式。但是，这种分区格式也有它的缺点。首先是采用 FAT32 格式分区的磁盘，由于文件分配表的扩大，运行速度比采用 FAT16 格式分区的磁盘要慢。另外，由于 DOS 和 Windows 95 不支持这种分区格式，所以采用这种分区格式后，将无法再使用 DOS 和 Windows 95 系统了。

（3）NTFS　它的优点是安全性和稳定性方面非常出色，在使用中不易产生文件碎片。并且能对用户的操作进行记录，通过对用户权限的严格限制，使每个用户只能按照系统赋予的权限进行操作，充分保护了系统与数据的安全。Windows 2000、Windows NT 以及 Windows XP 都支持这种分区格式。

（4）Ext2　这是 Linux 中使用最多的一种文件系统，它是专门为 Linux 设计的，拥有最快的速度和最小的 CPU 占用率。Ext2 既可以用于标准的块设备(如硬盘)，也被应用在软盘等移动存储设备上。现在已经有新一代的 Linux 文件系统如 SGI 公司的 XFS、ReiserFS、Ext3 文件系统等出现。Linux 的磁盘分区格式与其他操作系统完全不同，其 C、D、E、F 等分区的意义也和 Windows 操作系统不一样，使用 Linux 操作系统后，会大大减少死机的机率。

2）请填写在 DOS 系统下使用 FDISK、FORMAT 工具分区格式化的操作步骤注意事项，见表 1-39。

表 1-39

| | |
|---|---|
| Microsoft Windows 98 Startup Menu<br><br>　1. Start Windows 98 Setup from CD-ROM.<br>　2. Start computer with CD-ROM support.<br>　3. Start computer without CD-ROM support.<br><br>Enter a choice: 2<br><br><br>F5=Safe mode Shift+F5=Command prompt Shift+F8=Step-by-step confirmation<br><br>加载光驱驱动，从光驱引导启动 | （1）操作步骤注意事项： |
| MSCDEX Version 2.25<br>Copyright (C) Microsoft Corp. 1986-1995. All rights reserved.<br>　　Drive D: = Driver OEMCD001 unit 0<br><br>A:\>_<br><br>启动结束，屏幕最下方出现 "A:\>"<br>提示符，这是可以输入DOS命令 | （2）操作步骤注意事项： |
| MSCDEX Version 2.25<br>Copyright (C) Microsoft Corp. 1986-1995. All rights reserved.<br>　　Drive D: = Driver OEMCD001 unit 0<br><br>A:\>fdisk_<br><br><br>输入FDISK命令为硬盘分区 | （3）操作步骤注意事项： |
| Your computer has a disk larger than 512 MB. This version of Windows includes improved support for large disks, resulting in more efficient use of disk space on large drives, and allowing disks over 2 GB to be formatted as a single drive.<br><br>IMPORTANT: If you enable large disk support and create any new drives on this disk, you will not be able to access the new drive(s) using other operating systems, including some versions of Windows 95 and Windows NT, as well as earlier versions of Windows and MS-DOS. In addition, disk utilities that were not designed explicitly for the FAT32 file system will not be able to work with this disk. If you need to access this disk with other operating systems or older disk utilities, do not enable large drive support.<br><br>Do you wish to enable large disk support (Y/N).........? [Y]<br><br>询问是否启用大硬盘的支持，即是否在分区上使用<br>FAT32文件系统，默认为使用 | （4）操作步骤注意事项： |

（续）

| | |
|---|---|
| Microsoft Windows 98<br>Fixed Disk Setup Program<br>(C)Copyright Microsoft Corp. 1983 - 1998<br><br>FDISK Options　　**主菜单**<br><br>Current fixed disk drive: 1<br><br>Choose one of the following:<br><br>1. Create DOS partition or Logical DOS Drive　**创建DOS分区**<br>2. Set active partition　　**设置活动分区**<br>3. Delete partition or Logical DOS Drive<br>4. Display partition information　　**删除分区**<br><br><br>Enter choice: [1]<br><br>　　　**显示分区信息**<br><br><br>Press Esc to exit FDISK | （5）操作步骤注意事项： |
| **开始创建分区**<br>Create DOS Partition or Logical DOS Drive<br>Current fixed disk drive: 1<br>　　　　　**创建主DOS分区**<br>Choose one of the following:<br>　　　　　　　　　**创建扩展DOS分区**<br>1. Create Primary DOS Partition<br>2. Create Extended DOS Partition<br>3. Create Logical DOS Drive(s) in the Extended DOS Partition<br>　　　　　　　　　　**在扩展DOS分区中**<br>　　　　　　　　　　**创建逻辑分区**<br>Enter choice: [1]<br>　　　**输入 "1" 并回车，**<br>　　　**开始创建分区**<br><br>Press Esc to return to FDISK Options | （6）操作步骤注意事项： |
| Create Primary DOS Partition<br>Current fixed disk drive: 1<br>Do you wish to use the maximum available size for a Primary DOS Partition<br>and make the partition active (Y/N)....................? [Y]<br><br><br>询问是否要把所有可用的硬盘空间都创建为<br>1个主DOS分区。<br><br>为了腾出硬盘空间来创建逻辑分区，在这里我<br>们输入 "N"，回车。<br><br><br>Press Esc to return to FDISK Options | （7）操作步骤注意事项： |

57

（续）

| | （8）操作步骤注意事项： |
|---|---|
| **Create Primary DOS Partition**<br>Current fixed disk drive: 1<br><br>提示输入主DOS分区的大小。<br><br>Total disk space is 8189 Mbytes (1 Mbyte = 1048576 bytes)<br>Maximum space available for partition is 8189 Mbytes (100%)<br><br>Enter partition size in Mbytes or percent of disk space (%) to create a Primary DOS Partition.........................: [ 8189]<br><br>Press Esc to return to FDISK Options | |

| | （9）操作步骤注意事项： |
|---|---|
| **Create Primary DOS Partition**<br>Current fixed disk drive: 1<br><br>这里我选择创建主DOS分区为2000M空间。<br><br>Total disk space is 8189 Mbytes (1 Mbyte = 1048576 bytes)<br>Maximum space available for partition is 8189 Mbytes (100%)<br><br>Enter partition size in Mbytes or percent of disk space (%) to create a Primary DOS Partition.........................: [ 2000]<br><br>按ECS键回到主菜单。<br><br>Invalid entry, please enter 0-9.<br>Press Esc to return to FDISK Options | |

| | （10）操作步骤注意事项： |
|---|---|
| **FDISK Options**<br>Current fixed disk drive: 1<br><br>Choose one of the following:<br><br>1. Create DOS partition or Logical DOS Drive<br>2. Set active partition<br>3. Delete partition or Logical DOS Drive<br>4. Display partition information<br><br>这时提示没有分区设置为活动的。<br>要我们设置主分区为活动分区<br><br>Enter choice: [2]<br><br>WARNING! No partitions are set active disk 1 is not startable unless a partition is set active<br><br>Press Esc to exit FDISK | |

（续）

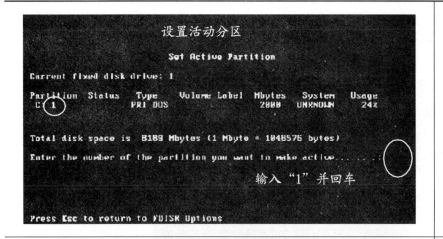

| | （11）操作步骤注意事项： |
|---|---|
| | （12）操作步骤注意事项： |
| | （13）操作步骤注意事项： |

（续）

| | |
|---|---|
| Create Logical DOS Drive(s) in the Extended DOS Partition<br>屏幕提示要在扩展分区创建逻辑分区<br><br>No logical drives defined<br><br>Total Extended DOS Partition size is 6189 Mbytes (1 MByte = 1048576 bytes)<br>Maximum space available for logical drive is 6189 Mbytes (100% )<br>Enter logical drive size in Mbytes or percent of disk space (%)...[ 6189]<br><br>Press Esc to return to FDISK Options | （14）操作步骤注意事项： |
| Create Logical DOS Drive(s) in the Extended DOS Partition<br>Drv Volume Label Mbytes System Usage<br>D: 3084 UNKNOWN 49%<br>在这里输入第一个逻辑分区的大小<br>回车后，第一逻辑分区创建成功，<br>并继续创建其他逻辑分区。<br>Total Extended DOS Partition size is 6189 Mbytes (1 MByte = 1048576 bytes)<br>Maximum space available for logical drive is 3105 Mbytes ( 51% )<br>Enter logical drive size in Mbytes or percent of disk space (%)..[ 3105]<br>Logical DOS Drive created, drive letters changed or added<br>Press Esc to return to FDISK Options | （15）操作步骤注意事项： |
| Display Logical DOS Drive Information<br>Drv Volume Label Mbytes System Usage<br>D: 3084 UNKNOWN 49%<br>E: 3105 UNKNOWN 51%<br>显示逻辑分区创建成功<br>Total Extended DOS Partition size is 6189 Mbytes (1 MByte = 1048576 bytes)<br>按ESC键回到主菜单。<br>Press Esc to continue_ | （16）操作步骤注意事项： |
| 提示你必须重新启动电脑才能使分区生效，<br>并且所有分区必须格式化后才能使用。<br><br>You MUST restart your system for your changes to take effect.<br>Any drives you have created or changed must be formatted<br>AFTER you restart.<br><br>Shut down Windows before restarting.<br>再按ESC键即可退出FDISK程序。<br>Press Esc to exit FDISK_ | （17）操作步骤注意事项： |

（续）

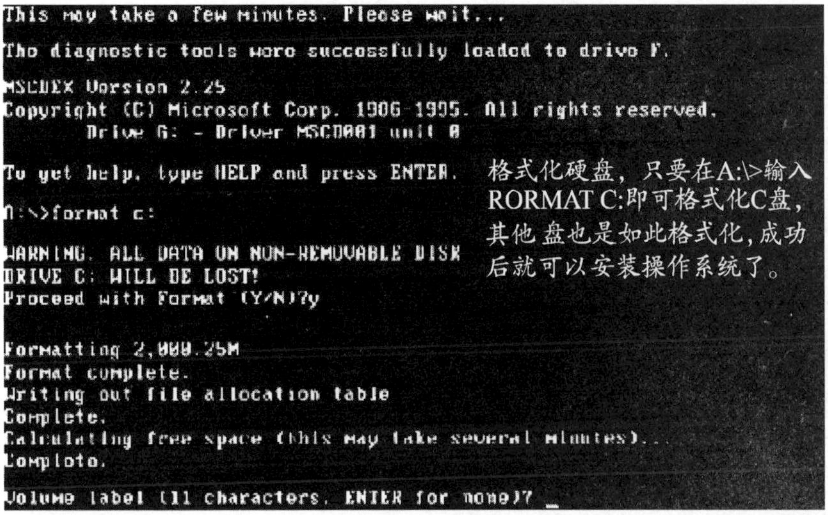

| | (18) 操作步骤注意事项： |
|---|---|
| 格式化硬盘，只要在A:\>输入 RORMAT C:即可格式化C盘， 其他盘也是如此格式化，成功 后就可以安装操作系统了。 | |

3）根据表 1-40 中的图片填写使用 DM 工具分区格式化的操作步骤注意事项。

表 1-40

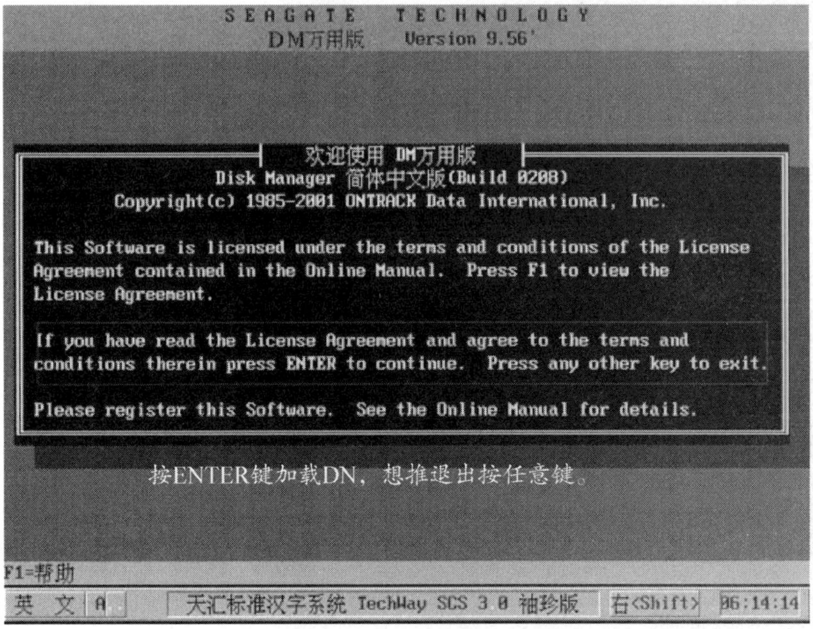

| | (1) 操作步骤注意事项： |
|---|---|
| | |

（续）

| | |
|---|---|
| 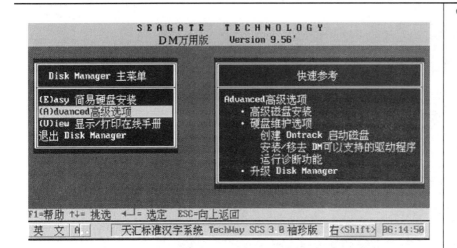 | （2）操作步骤注意事项: |
| 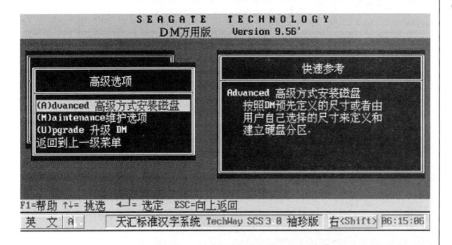 | （3）操作步骤注意事项: |
| 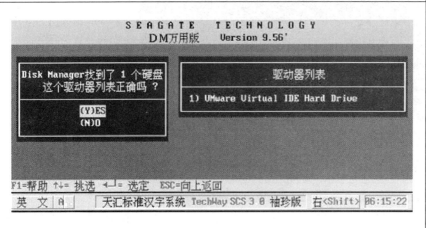 | （4）操作步骤注意事项: |

（续）

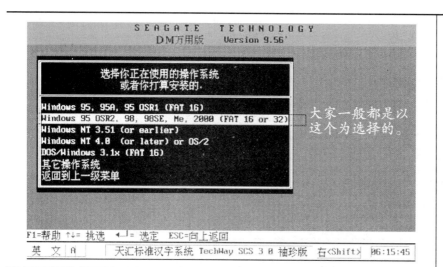

（5）操作步骤注意事项：

（6）操作步骤注意事项：

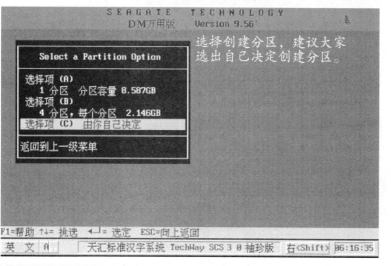

（7）操作步骤注意事项：

（续）

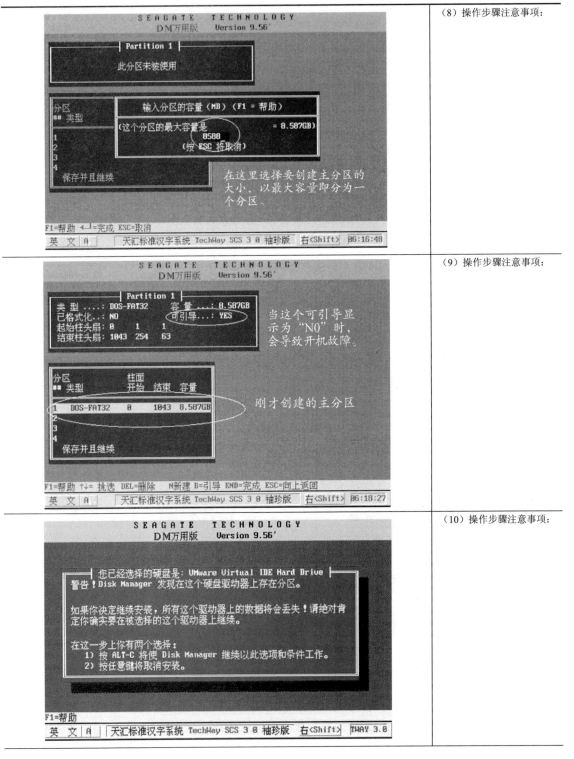

| | |
|---|---|
| | （8）操作步骤注意事项： |
| | （9）操作步骤注意事项： |
| | （10）操作步骤注意事项： |

（续）

| | |
|---|---|
|  | （11）操作步骤注意事项： |
|  | （12）操作步骤注意事项： |
|  | （13）操作步骤注意事项： |

（续）

| | （14）操作步骤注意事项： |
| --- | --- |
| 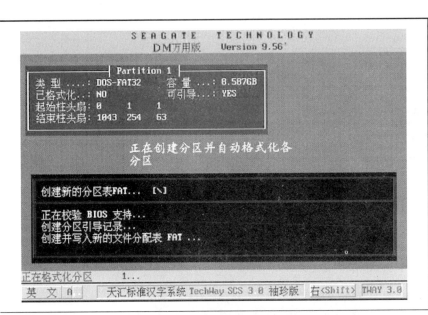 | |
| 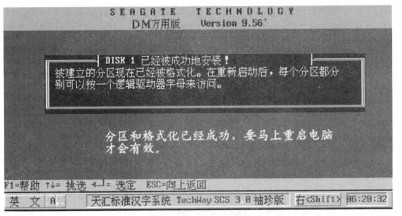 | （15）操作步骤注意事项： |
|  | （16）操作步骤注意事项： |

4）根据表 1-41 中的图片填写使用 PQ 工具分区格式化的操作步骤注意事项。

表 1-41

| 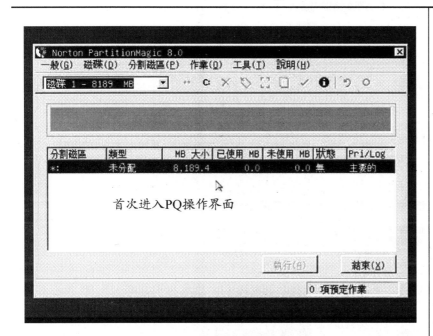 首次进入PQ操作界面 | （1）操作步骤注意事项： |
|---|---|
| 主分区即要安装系统的分区，一般<br>大小在2G~3G就可以了。 | （2）操作步骤注意事项： |

（续）

| | |
|---|---|
| 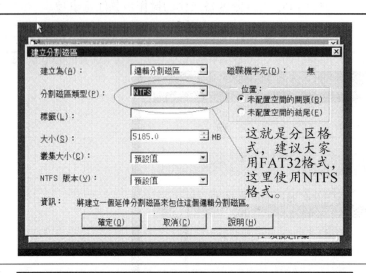 这就是分区格式，建议大家用FAT32格式，这里使用NTFS格式。 | （3）操作步骤注意事项： |
| 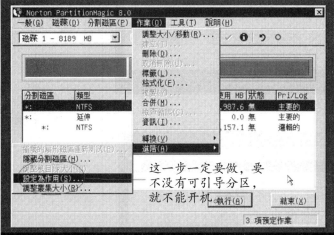 这一步一定要做，要不没有可引导分区，就不能开机。 | （4）操作步骤注意事项： |
| 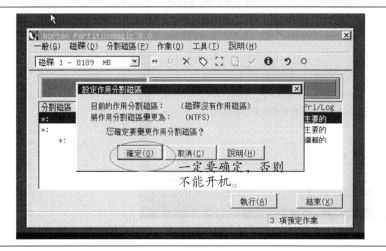 一定要确定，否则不能开机。 | （5）操作步骤注意事项： |

68

（续）

| | |
|---|---|
| <br>所有作业要全部完成 | （6）操作步骤注意事项： |
| 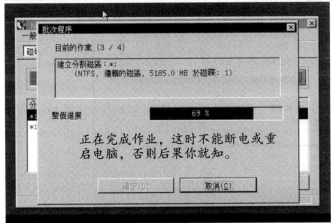<br>正在完成作业，这时不能断电或重<br>启电脑，否则后果你就知。 | （7）操作步骤注意事项： |
| 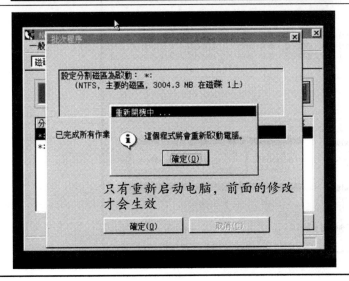<br>只有重新启动电脑，前面的修改<br>才会生效 | （8）操作步骤注意事项： |

5）根据表 1-42 中的图填写在 Windows 操作界面下，给新硬盘分区格式化的操作步骤注意事项。

表 1-42

| | |
|---|---|
| 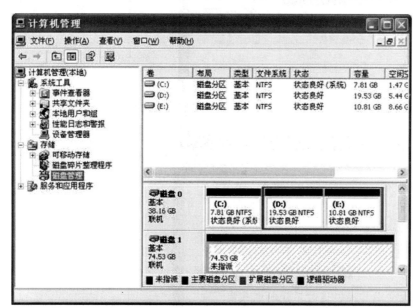 | （1）操作步骤注意事项： |
| 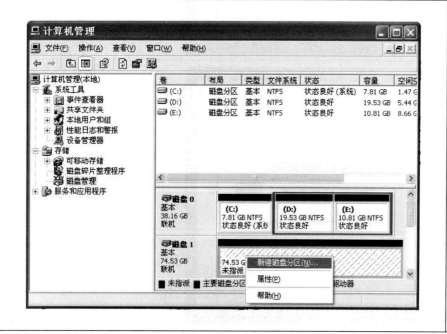 | （2）操作步骤注意事项： |

（续）

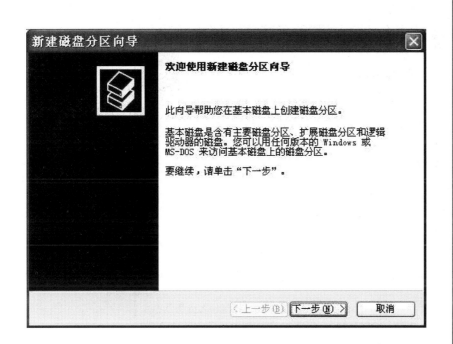

（3）操作步骤注意事项：

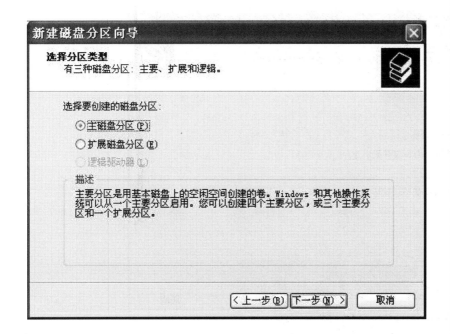

（4）操作步骤注意事项：

（续）

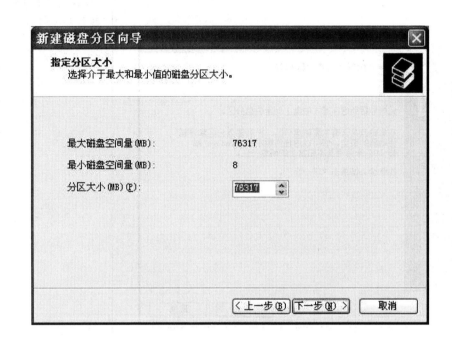

| | （5）操作步骤注意事项： |
|---|---|
| | （6）操作步骤注意事项： |

（续）

| | |
|---|---|
| 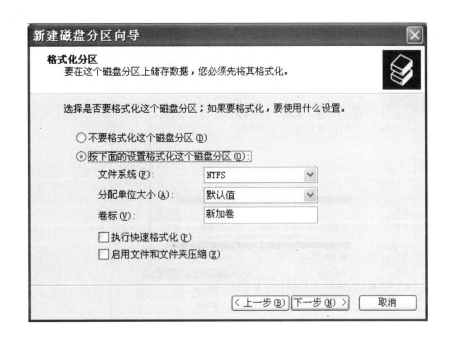 | （7）操作步骤注意事项： |
|  | （8）操作步骤注意事项： |

（续）

| | （9）操作步骤注意事项： |

## 学习评价

### 学习活动 5 考核评价表

学习活动名称：　　　　　　　　　　　班级：　　　　　　　姓名：

| 评价项目 | 评价标准 | 评价依据<br>（指信息、佐证） | 评价方式 | | | 权重 | 得分小计 | 总分 |
|---|---|---|---|---|---|---|---|---|
| | | | 自评 | 小组评价 | 教师评价 | | | |
| | | | 0.2 | 0.3 | 0.5 | | | |
| 职业素养 | 1.遵守管理规定及课堂纪律<br>2.学习积极主动、勤学好问<br>3.团队合作精神 | 1.考勤表<br>2.学习态度<br>3.小组评价意见 | | | | 0.3 | | |
| 专业能力 | 1.识别硬盘分区、格式化工具<br>2.使用 FDISK 命令进行硬盘的分区<br>3.使用 FORMAT 命令进行硬盘的格式化<br>4.利用 DM 工具对硬盘进行分区格式化操作<br>5.在 Windows 界面下，进行分区格式化操作 | 完成工作页情况 | | | | 0.7 | | |

教师签名：　　　　　　　　　　　　　　　　　　日期：

注：评价分值均为百分制，小数点后保留 1 位；总分为整数。

## 学习活动 6　安装操作系统

### 学习目标

1）识别不同系列的操作系统。
2）使用不同的方法安装操作。
3）安装操作系统。

### 学习准备

多媒体设备、工作页、相应学习材料、计算机、操作系统光盘工具等。

### 学习地点

计算机维修工作站。

### 学习过程

 引导问题

1）请识别表 1-43 中的图片，选择操作系统类别。

表 1-43

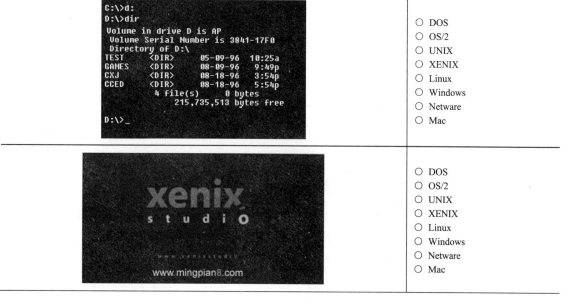

|  |  |
| --- | --- |
| C:\>d:<br>D:\>dir<br>Volume in drive D is AP<br> Volume Serial Number is 3841-17F0<br> Directory of D:\<br>TEST　　&lt;DIR&gt;　　05-09-96　10:25a<br>GAMES　&lt;DIR&gt;　　08-09-96　9:49p<br>CXJ　　&lt;DIR&gt;　　08-18-96　3:54p<br>CCED　&lt;DIR&gt;　　08-18-96　5:54p<br>　　　4 file(s)　　0 bytes<br>　　　215,735,513 bytes free<br>D:\>_ | ○ DOS<br>○ OS/2<br>○ UNIX<br>○ XENIX<br>○ Linux<br>○ Windows<br>○ Netware<br>○ Mac |
| xenix studio<br>www.mingpian8.com | ○ DOS<br>○ OS/2<br>○ UNIX<br>○ XENIX<br>○ Linux<br>○ Windows<br>○ Netware<br>○ Mac |

（续）

| | |
|---|---|
|  | ○ DOS<br>○ OS/2<br>○ UNIX<br>○ XENIX<br>○ Linux<br>○ Windows<br>○ Netware<br>○ Mac |
|  | ○ DOS<br>○ OS/2<br>○ UNIX<br>○ XENIX<br>○ Linux<br>○ Windows<br>○ Netware<br>○ Mac |
|  | ○ DOS<br>○ OS/2<br>○ UNIX<br>○ XENIX<br>○ Linux<br>○ Windows<br>○ Netware<br>○ Mac |
|  | ○ DOS<br>○ OS/2<br>○ UNIX<br>○ XENIX<br>○ Linux<br>○ Windows<br>○ Netware<br>○ Mac |

（续）

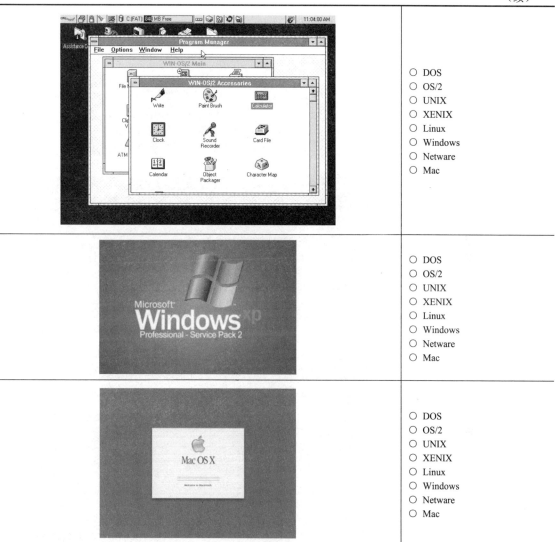

| | |
|---|---|
| | ○ DOS<br>○ OS/2<br>○ UNIX<br>○ XENIX<br>○ Linux<br>○ Windows<br>○ Netware<br>○ Mac |
| | ○ DOS<br>○ OS/2<br>○ UNIX<br>○ XENIX<br>○ Linux<br>○ Windows<br>○ Netware<br>○ Mac |
| | ○ DOS<br>○ OS/2<br>○ UNIX<br>○ XENIX<br>○ Linux<br>○ Windows<br>○ Netware<br>○ Mac |

2）请填写安装 Windows XP 操作系统的准备工作，见表 1-44。

表 1-44

| 记录操作系统名称 | |
|---|---|
| 记录操作系统序列号 | |
| 记录硬盘分区情况 | |
| 记录准备设备驱动程序情况 | |
| 记录需要安装应用程序 | |

3）按照表 1-45 中的操作步骤安装 Windows XP 操作系统，并记录关键操作。

表 1-45

| | |
|---|---|
| （1）用光盘启动系统 (如果你已经知道方法请转到下一步)，重新启动系统并把光驱设为第＿＿＿＿＿＿启动盘，保存设置并重启。将 Windows XP 安装光盘放入光驱，重新启动电脑。刚启动时，当出现如右图所示时快速按＿＿＿＿键，否则不能启动 Windows XP 系统光盘安装。 | Press any key to boot from cd._ |
| （2）光盘自启动后，如无意外即可见到安装界面，将出现如右图所示的界面，选择"要现在安装 Windows XP,请按 ENTER 键"单选按钮，按＿＿＿＿键后，出现许可协议图。 | Windows XP Professional 安装程序<br><br>欢迎使用安装程序。<br><br>这部分的安装程序准备在您的计算机上运行 Microsoft(R) Windows(R) XP。<br><br>◎ 要现在安装 Windows XP,请按 ENTER 键。<br>◎ 要用"恢复控制台"修复 Windows XP 安装,请按 R。<br>◎ 要退出安装程序,不安装 Windows XP,请按 F3。<br><br>ENTER=继续　R=修复　F3=退出 |
| （3）在 Windows XP 许可协议界面中，按＿＿＿＿键同意。 | Windows XP 许可协议<br><br>Microsoft 软件最终用户许可协议<br><br>MICROSOFT WINDOWS XP PROFESSIONAL EDITION SERVICE PACK 3<br><br>重要须知 - 请仔细阅读：本最终用户许可协议（《协议》）是您（个人或单一实体）与 Microsoft Corporation ('Microsoft') 或其附属实体之一之间就本《协议》随附的 Microsoft 软件达成的法律协议，其中包括计算机软件，并可能包括相关介质、印刷资料、'联机'或电子文档和基于因特网的服务（'软件'）。本《协议》的一份修正条款或补充条款可能随'软件'一起提供。<br><br>自 Windows XP Service Pack 2 首次发布以来，其中部分条款已经变更。变更内容包括：<br><br>* 关于该软件验证功能的更多信息，用于确定该软件是盗版的、未获得适当许可的，还是非正版 Windows<br><br>F8=我同意　ESC=我不同意　PAGE DOWN=下一页 |

（续）

| | |
|---|---|
| （4）用"向下或向上"方向键选择安装系统所用的分区，如果你已格式化C盘，请选择C分区，选择好分区后按＿＿＿＿＿＿＿＿＿＿＿＿＿＿＿＿键。 | Windows XP Professional 安装程序<br><br>以下列表显示这台计算机上的现有磁盘分区和尚未划分的空间。<br><br>用上移和下移箭头键选择列表中的项目。<br><br>◎  要在所选项目上安装 Windows XP，请按 ENTER。<br><br>◎  要在尚未划分的空间中创建磁盘分区，请按 C。<br><br>◎  删除所选磁盘分区，请按 D。<br><br>20474 MB Disk 0 at Id 0 on bus 0 on atapi [MBR]<br>　C：分区 1 [新的(未使用)]　　　　　14998 MB（14998 MB 可用）<br>　E：分区 2 [新的(未使用)]　　　　　5467 MB（　5467 MB 可用）<br>　　未划分的空间　　　　　　　　　　8 MB<br><br>ENTER=安装　D=删除磁盘分区　F3=退出 |
| （5）对所选分区可以进行格式化，从而转换文件系统格式，或保存现有文件系统。有多种选择的余地,但要注意的是NTFS格式可节约磁盘空间提高安全性和减小磁盘碎片但同时存在很多问题:DOS和98/Me下看不到＿＿＿＿＿＿＿＿＿＿＿＿＿＿＿＿＿＿格式的分区，在这里选择＿＿＿＿＿＿＿＿＿＿＿＿＿＿＿＿，再按"Enter"键。 | Windows XP Professional 安装程序<br><br>选择的磁盘分区没有经过格式化。安装程序将立即格式化这个磁盘分区。<br><br>使用上移和下移箭头键选择所需的文件系统，然后请按 ENTER。<br><br>如果要为 Windows XP 选择不同的磁盘分区，请按 ESC。<br><br>　用 NTFS 文件系统格式化磁盘分区（快）<br>　用 FAT 文件系统格式化磁盘分区（快）<br>　用 NTFS 文件系统格式化磁盘分区<br>　用 FAT 文件系统格式化磁盘分区<br><br>ENTER=继续　ESC=取消 |

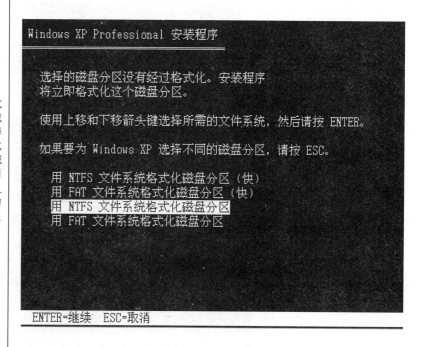

（续）

| | |
|---|---|
| （6）格式化 C 盘的警告，按＿＿＿＿＿＿键将准备格式化 C 盘。 | Windows XP Professional 安装程序<br><br>注意：格式化这个驱动器将删除上面的所有文件。<br>请确认您是否要格式化<br><br>16379 MB Disk 0 at Id 0 on bus 0 on atapi [MBR] 上的<br><br>C: 分区 1 [FAT32]　　　　　　　9502 MB（ 9110 MB 可用）<br><br>◎ 要格式化这个驱动器，请按 F。<br><br>◎ 要为 Windows XP 选择不同的磁盘分区，请按 ESC。<br><br>F=格式化　ESC=取消 |
| （7）由于所选分区 C 的空间大于 2048M(即 2G)，FAT 文件系统不支持大于 2048M 的磁盘分区，所以安装程序会用 FAT32 文件系统格式对 C 盘进行格式化，按＿＿＿＿＿＿＿＿键。 | Windows XP Professional 安装程序<br><br>由于这个磁盘分区大于 2048 MB，安装程序会用 FAT32 文件系统将其格式化。<br><br>使用其他如 MS-DOS，或某些版本的 Microsoft Windows 操作系统时，驱动器上的文件将无法使用。<br><br>◎ 要继续格式化磁盘分区，请按 ENTER。<br><br>◎ 要返回前一个屏幕，不格式化磁盘分区，请按 ESC。<br><br>◎ 要退出安装程序，请按 F3。<br><br>ENTER=继续　ESC=取消　F3=退出 |
| （8）正在格式化 C 分区；只有用＿＿＿＿＿＿＿启动或安装＿＿＿＿＿＿启动 Windows XP 安装程序，才能在安装过程中提供格式化分区选项；提问：如果用 MS-DOS 启动盘启动进入 DOS 下，运行 i386\winnt 进行安装 Windows XP 时，安装 Windows XP 时有没有格式化分区选项？<br><br>＿＿＿＿＿＿＿＿＿＿＿＿＿＿<br>＿＿＿＿＿＿＿＿＿＿＿＿＿＿<br>＿＿＿＿＿＿＿＿＿＿＿＿＿＿<br>＿＿＿＿＿＿＿＿＿＿＿＿＿＿ | Windows XP Professional 安装程序<br><br>请稍候，安装程序正在格式化<br><br>20474 MB Disk 0 at Id 0 on bus 0 on atapi [MBR] 上的磁盘分区<br><br>C: 分区 1 [新的(未使用)]　　　　14998 MB（ 14998 MB 可用）。<br><br>安装程序正在格式化…<br><br>20%<br> |

（续）

| | |
|---|---|
| （9）开始_____文件，文件复制完成后，安装程序开始初始化 Windows 配置。然后系统将会自动在 15 s 后重新启动。 | 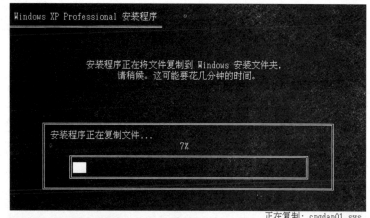 |
| （10）左则会出现安装系统的各个阶段的信息，分别是_____ _____ _____ 。 | 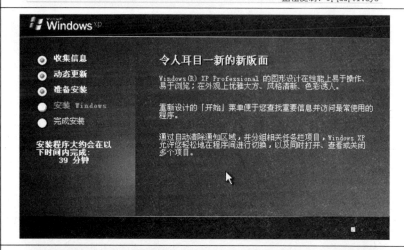 |
| （11）当提示还需要 33 min 时将出现"区域和语言选项"对话框，区域和语言设置选用默认值即可，直接单击_____按钮。 | 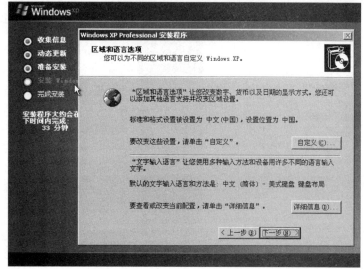 |

（续）

| | |
|---|---|
| （12）在"自定义软件"对话框中，输入想好的_____和_____，这里的姓名是以后注册的用户名，单击_____按钮。 | 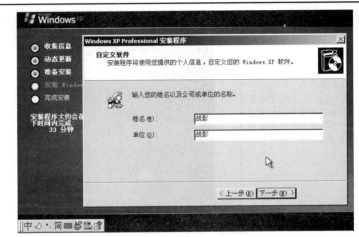 |
| （13）在"您的产品密钥"对话框中，记下产品密钥：_____-_____-_____-_____-_____（安装序列号），单击"下一步"按钮。 | 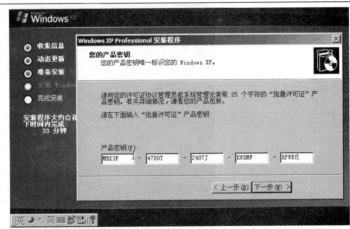 |
| （14）在"计算机名和系统管理员密码"对话框中，自己可以任意更改计算机名，输入两次系统管理员密码，请记住这个密码，_____系统管理员在系统中具有最高权限，平时登录系统不需要这个帐号。接着单击_____按钮。 | 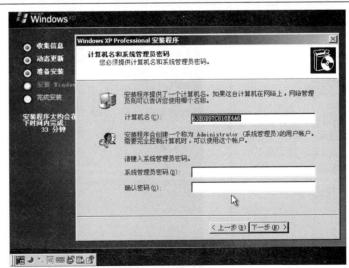 |

（续）

| | |
|---|---|
| （15）在"日期和时间设置"对话框中，设置日期＿＿＿＿＿和时间＿＿＿＿＿＿，选北京时间，单击＿＿＿＿＿＿按钮。 |  |
| （16）开始安装，复制系统文件、安装网络系统。 | 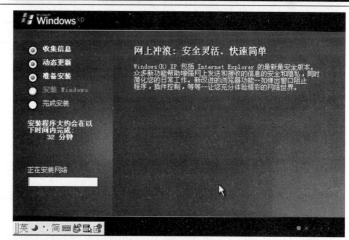 |
| （17）出现"网络设置"对话框，选择网络安装的方式，此处选择"典型设置"单选按钮，再单击"下一步"按钮。提问：典型设置与自定义设置的区别？<br><br>＿＿＿＿＿＿＿＿＿＿＿＿<br>＿＿＿＿＿＿＿＿＿＿＿＿<br>＿＿＿＿＿＿＿＿＿＿＿＿<br>＿＿＿＿＿＿＿＿＿＿＿＿<br>＿＿＿＿＿＿＿＿＿＿＿＿<br>＿＿＿＿＿＿＿＿＿＿＿＿ | 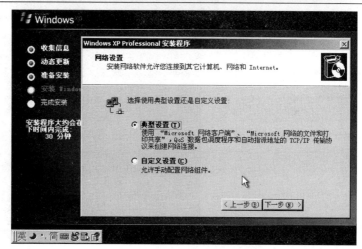 |

（续）

| | |
|---|---|
| （18）出现"工作组或计算机域"对话框。选择第 1 个选项，单击"下一步"按钮。 | 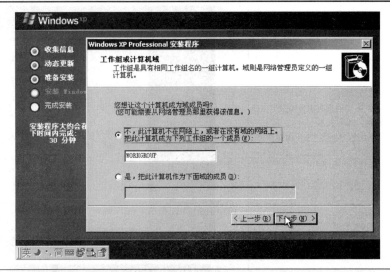 |
| （19）继续安装，到这里后安装程序会自动完成全过程。安装完成后自动重新启动，出现启动画面。 | 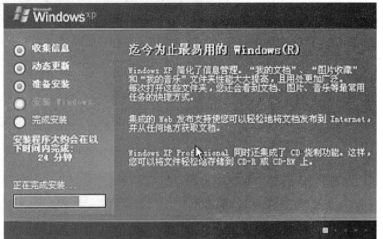 |
| （20）第一次启动需要较长时间，请耐心等候，接下来是欢迎使用画面，提示设置系统。提问：提醒用户不要在"BOOT FROM CD…"时按<Enter>键，为什么？<br><br>_____<br>_____<br>_____<br>_____<br>_____ |  |

（续）

| | |
|---|---|
| （21）单击右下角的"下一步"按钮，见右图。 |  |
| （22）出现上网连接设置界面。在这里建立宽带拨号连接后，不会在桌面上出现其快捷方式，且默认的拨号连接名称为"_____"（自定义除外）；进入桌面后通过连接向导建立的宽带拨号连接，在桌面上会出现其快捷方式，且默认的拨号连接名称为"_____"（自定义除外）。如果你不想在这里建立宽带拨号连接，请单击"跳过"按钮。<br>　　在这里先创建一个宽带连接，选第一项"数字用户线(ADSL)或电缆调制解调器"，单击"下一步"按钮。 | 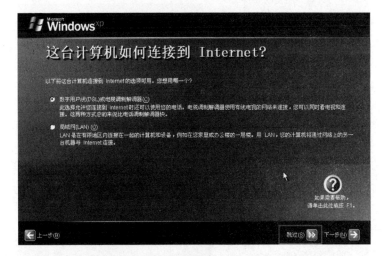 |
| （23）目前使用的电信或联通(ADSL)住宅用户都有账号和密码，所以选择"_____"，单击"下一步"按钮。 |  |

（续）

| | |
|---|---|
| （24）在右图中，输入电信或联通提供的账号和密码，在"你的 ISP 的服务名"处输入自己喜欢的名称，该名称作为拨号连接快捷菜单的名称，单击"下一步"按钮。提问：账号和密码可以留空白吗？ |  |
| （25）在右图中，可激活 Windows，不过即使不激活也有 30 天的试用期，所以选择"否，请等候几天提醒我"，单击"下一步"按钮。 | 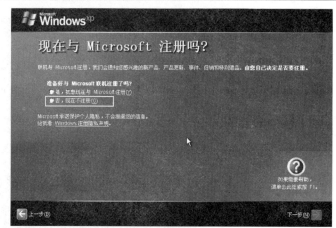 |
| （26）在右图中，输入一个你平时用来登录计算机的用户名。提问：如果在系统安装完毕后，需要添加用户账户，在哪里添加呢？ | 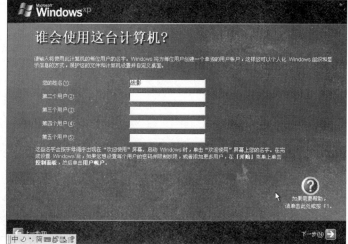 |

（续）

| | |
|---|---|
| （27）在右图中，单击完成，即结束安装。系统将注销并重新以新用户身份登录。 | 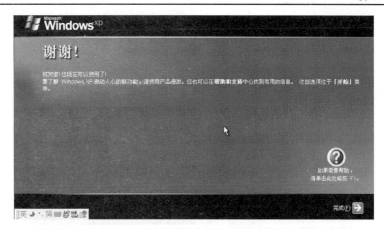 |
| （28）登录后的界面见右图。此时桌面上只有一个回收站图标。需找回常见的图标。 |  |
| （29）找回常见的图标，在桌面上单击"开始"→"_____"→"_____"，见右图。 |  |

計算机组装与维护

（续）

| | |
|---|---|
| （30）用鼠标左键点按"宽带连接"不动，将其拖到桌面空白处，桌面上即多了一个"_____"快捷方式。结果见右图。 |  |
| （31）然后，在桌面空白处单击鼠标右键，在弹出的快捷菜单中选择"_____"，即打开显示"_____"，见右图。 |  |
| （32）在右图中单击"_____"选项卡。 |  |

（续）

（33）在上一步中的图中的左下部单击"＿＿＿＿＿＿"按钮，出现右图所示的"桌面项目"对话框。

（34）在"桌面项目"对话框中，单击选择"我的文档"、"我的电脑"、"网上邻居"和"Internet Explorer"这 4 个项目的复选框，然后单击"确定"按钮，再单击"确定"按钮，将会看到桌面上多了想要的图标，见右图。

## 学习评价

**学习活动 6 考核评价表**

| 学习活动名称： | | 班级： | | | 姓名： | | | |
|---|---|---|---|---|---|---|---|---|
| 评价项目 | 评价标准 | 评价依据（指信息、佐证） | 评价方式 | | | 权重 | 得分小计 | 总分 |
| | | | 自评 | 小组评价 | 教师评价 | | | |
| | | | 0.2 | 0.3 | 0.5 | | | |
| 职业素养 | 1.遵守管理规定及课堂纪律<br>2.学习积极主动、勤学好问<br>3.团队合作精神 | 1.考勤表<br>2.学习态度<br>3.小组评价意见 | | | | 0.3 | | 专业能力 |
| 专业能力 | 1.识别操作系统的类别<br>2.做好安装操作系统的准备工作，比如记录好光盘序列号等<br>3.使用光盘正确安装操作系统<br>4.安装完操作系统后进行相关设置，如网络连接、桌面图标的设置等 | 完成工作页情况 | | | | 0.7 | | |
| 教师签名： | | | | | 日期： | | | |

注：评价分值均为百分制，小数点后保留1位；总分为整数。

# 学习活动 7　操作系统测试及优化

## 学习目标

1）优化虚拟内存。
2）设置系统配置实用程序。
3）清除系统垃圾文件。

## 学习准备

多媒体设备、工作页、相应学习材料、计算机、操作系统光盘工具等。

## 学习地点

计算机维修工作站。

## 学习过程

### 小知识

虚拟内存的定义。

　　虚拟内存是 Windows XP 作为内存使用的一部分硬盘空间。即使物理内存很大,虚拟内存也是必不可少的。虚拟内存在硬盘上其实就是一个硕大无比的文件,文件名是 PageFile.sys,通常状态下是看不到的,必须关闭资源管理器对系统文件的保护功能才能看到这个文件。虚拟内存有时候也被称为"页面文件"。

 引导问题

1)根据表 1-46 完成优化 Windows XP 操作系统虚拟内存的步骤。

表 1-46

| | |
|---|---|
| (1)启用磁盘写入缓存<br>在"我的电脑"上单击鼠标右键,在弹出的快捷菜单中选择"属性->硬件",单击"设置管理器"按钮,打开"设备管理器"对话框,找到当前正在使用的硬盘,并单击鼠标右键,在弹出的快捷菜单中 选择"属性"选项,在硬盘属性的_____<br>页中,打开_____。 | IC35L060AVV&07-0 属性　?✕<br>常规　策略　卷　驱动程序<br>写入缓存和安全删除<br>·为快速删除而优化(R)<br>这个设置停用磁盘上和 Windows 中的写入缓存,因此您可以不用"安全删除"图标就可以断开这个设备。<br>·为提高性能而优化(P)<br>这个设置启用 Windows 中的写入缓存来提高磁盘性能。要断开这个设备跟计算机的连接,请单击任务栏通知区域中的"安全删除硬件"图标。<br>☑启用磁盘上的写入缓存(W)<br>这个设置启用写入缓存来提高磁盘性能,但停电或仪器故障会造成数据遗失或损坏。<br>确定　取消 |
| (2)打开 Ultra MDA<br>在设备管理中选择 IDE ATA/ATAPI 控制器中的"基本/次要 IDE 控制器",单击鼠标右键,在其快捷菜单中选择"属性",打开_____页。这里最重要的设置项目就是_____,一般应当选择_____。 | 主要 IDE 通道 属性　?✕<br>常规　高级设置　驱动程序　资源<br>设备 0<br>设备类型(D):　自动检测<br>传送模式(T):　DMA (若可用)　▼<br>当前传送模式(C):　Ultra DMA Mode 5<br>设备 1<br>设备类型(E):　自动检测　▼<br>传送模式(R):　DMA (若可用)　▼<br>当前传送模式(U):　不适用<br>确定　取消 |

（续）

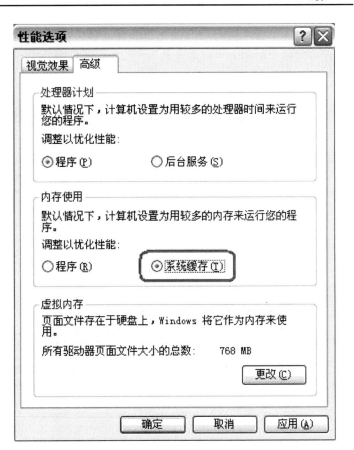

(3) 配置恢复选项

在"我的电脑"上单击鼠标右键，在其快捷菜单中选择"属性->高级"，在"性能"下面单击"设置"按钮，在"性能选项"对话框中选择_____页。这里有一个"内存使用"选项，如果将其设置为_____，Windows XP 将使用约 4MB 的物理内存作为读写硬盘的缓存，这样就可以大大提高物理内存和虚拟内存之间的数据交换速度。默认情况下，这个选项是关闭的，如果计算机的物理内存比较充足，比如256M或者更多，最好打开这个选项。但是如果物理内存比较紧张，还是应当保留默认的选项。

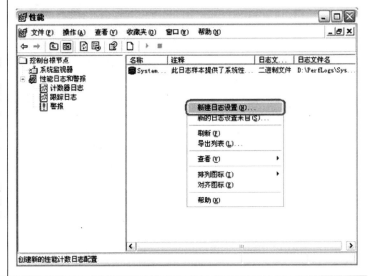

(4) 页面文件的设置

在"我的电脑"上单击鼠标右键，在其快捷菜单中选择"属性->高级"，单击"性能"下面的"设置"按钮，在"性能选项"对话框中，选择"高级"页，单击"虚拟内存"下方的"更改"按钮。选择"自定义大小"单选按钮，并将"起始大小"和"最大值"都设置为300M，这只是一个临时性的设置。设置完成后重新启动计算机使设置生效。

进入"控制面板->性能与维护->管理工具"，打开_____，展开"性能日志和警告"，选择"计数器日志"。在窗口右侧单击鼠标右键，并在其快捷菜单中选择_____。

（续）

| | |
|---|---|
| （5）随便输入一个日志名称，比如"监视虚拟内存大小"。 | 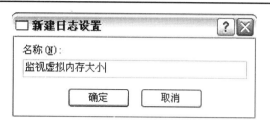 |
| （6）在"常规"页中单击_____按钮。 | 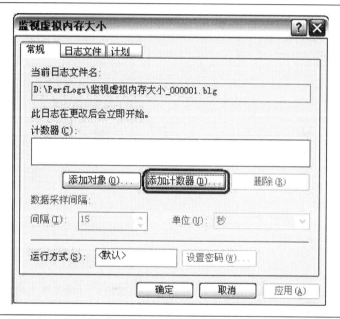 |
| （7）打开"添加计算器"对话框，在"性能对象"中选择_____，然后选中"从列表选择计数器"单选按钮，选择其下面的_____，选择右侧的"从列表中选择范例"单选按钮，选择其下面的_____。最后单击"添加"和"关闭"按钮。 | 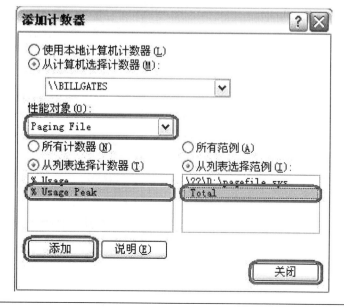 |

(续)

（8）记住 "日志文件" 页中的日志文件存放位置和文件名，我们后面需要查看这个日志来判断 Windows XP 平常到底用了多少虚拟内存，在这个例子中，日志文件被存放在_____目录下，文件名为_____。

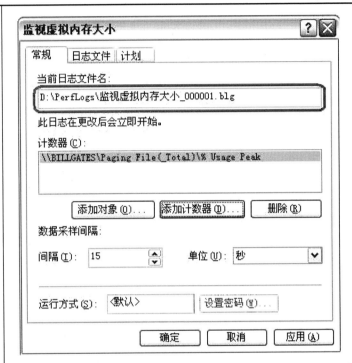

（9）设置"日志文件类型"为_____，这样便于阅读。

（续）

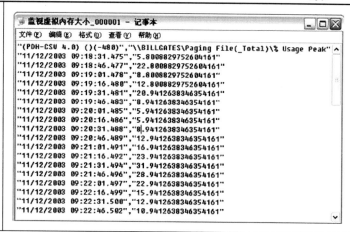

（10）这时可以看到刚才新建的日志条目前面的图标变成了绿色，这表明日志系统已经在监视虚拟内存了。如果图标还是红色，则应该单击鼠标右键，在其快捷菜单中选择"开始"选项启动这个日志。

（11）这个日志文件记录这一段时间中页面文件的使用情况，注意这里的单位是%，而不是 MB。通过简单的计算，我们就可以得到页面文件的最小尺寸，公式是"页面文件尺寸×百分比"。比如在此例中，虚拟内存最大的使用比率是 31%，300MB×31%=93MB，这个值就是虚拟内存的最小值（注意，300MB 是前面设置的临时值）。

如果物理内存较大，可以考虑将页面文件的"起始大小"和"最大值"设置为相等，等于上一步中计算出来的大小。这样硬盘中就不会因为页面文件过度膨胀产生磁盘碎片，其副作用是由于"最大值"被设置得较小，万一出现虚拟内存超支的情况，可能会导致系统崩溃。

（12）设置页面文件。现在回到"虚拟内存"对话框，选择"自定义大小"单选按钮并按照上面的计算结果分别设置"初始大小"和"最大值"。此处将"初始大小"设置为_____MB，而将"最大值"设置为_____MB，这样比较保险。

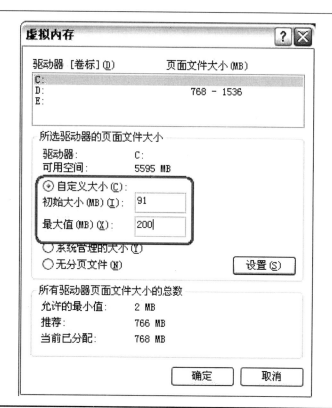

2）根据表 1-47 完成系统配置实用程序的步骤。

表 1-47

---

(1) 以系统管理员身份登录系统后，单击"开始"→"运行"，输入＿＿＿＿＿＿＿＿＿＿回车后即可启动系统配置实用程序。

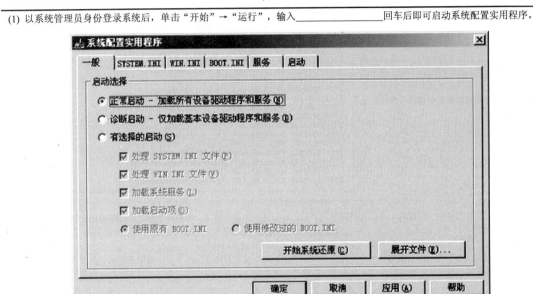

---

(2) 默认情况下，Windows 采用的是正常启动模式（即加载所有驱动和系统服务），但有时候由于设备驱动程序遭到破坏或服务故障，常常会导致启动出现一些问题，这时可以利用 Msconfig 的其他启动模式来解决问题。单击＿＿＿＿＿＿＿＿＿选项，在"启动模式"中选择＿＿＿＿＿＿＿＿＿，这种启动模式有助于我们快速找到启动故障原因。此外，还可以选择"有选择的启动模式"，按照提示勾选需要的启动项即可。

提问：诊断启动需要加载 Modem、网卡等设备的驱动程序吗？

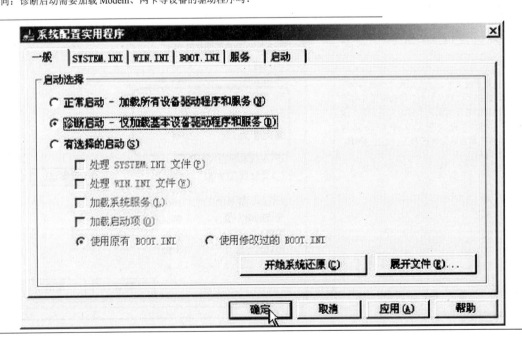

（续）

(3) 虽然 Windows XP 具备强大的文件保护功能，不过有时候由于安装/卸载软件或误操作，还是经常会造成系统文件的丢失。一般重要的系统文件，在系统安装光盘_____文件中都可以找到。单击上一步图中的"展开文件"按钮，在弹出的"从安装源位置展开一个文件"对话框中依次输入要还原的文件（填入丢失文件名）、还原自（单击"_____"，选择安装光盘的 CAB 压缩文件）、保存文件到（选择保存文件路径，Windows XP/2000 一般为_____），最后单击"展开"按钮（见下图），系统会自动解压 CAB 文件，将系统文件从安装光盘提取到计算机。

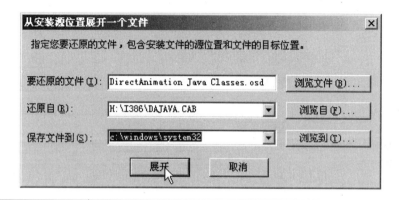

(4) 在下图中，System.ini 包含整个系统的信息，是存放 Windows 启动时所需要的_____的文件。Win.ini 则控制 Windows 用户_____的概貌（如窗口边界宽度、加载系统字体等）。通过_____命令可以快速地查看和编辑这两个 INI 文件，如单击主界面的"Win.ini"文件，可以看到该文件的详细内容，如果要禁止某一选项的加载，只要选中目标后单击"_____"即可；同理，选中目标后单击"编辑"按钮可以对该项目进行编辑操作（单击退格键可以删除该项目）。SYSTEM.INI 的操作同上。

（续）

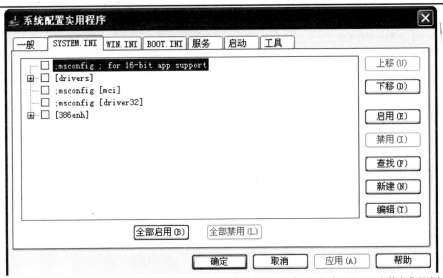

提问：因为这两个文件项目会在系统启动时被加载，所以一些木马也常常混迹其中，比如在 Win.ini 文件中发现诸如"Load=某程序"、"Run=某程序"的语句，这时要怎么才能删除？

(5) 在 Windows NT 类的操作系统（Windows NT/2000/XP/2003）中，都有一个特殊文件"＿＿＿＿＿＿＿＿＿＿＿＿＿＿＿"，它可以管理多操作系统启动，但是它默认具有隐藏、系统、只读属性。现在利用 Msconfig 操作很简捷。比如用户安装的是 Windows XP+Windows 98 双系统，默认启动系统是 Windows XP，等待时间是 30s，现在想把默认启动系统更改为 Windows 98、等待时间缩短为 10s。单击主界面的"BOOT.INI"，选中"＿＿＿＿＿＿＿＿＿＿＿＿＿＿＿＿＿＿＿＿"这一行，单击"设为默认"，然后将"＿＿＿＿＿＿＿＿＿＿＿＿＿"的时间设置为 10s（见下图），最后单击"确定"按钮重启后即可生效。这样无需进行其他操作，在 Msconfig 中即能轻松实现对该文件的编辑。

（续）

(6) 如何查看系统已经运行和其他软件注册了的服务呢？单击主界面的"服务"，Msconfig 会列出系统所有的服务，在"＿＿＿＿＿
＿＿＿＿＿＿＿＿＿＿＿＿＿＿＿＿＿＿＿＿"选项还可以查看到该服务是否是系统的基本服务，通过
"＿＿＿＿＿＿＿＿＿＿＿＿＿＿＿＿＿＿"、"＿＿＿＿＿＿＿＿＿＿＿＿＿＿＿＿＿＿＿＿＿"可以知道
服务提供商和运行状态（见下图）。

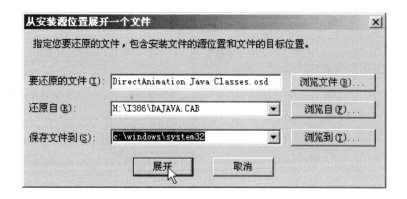

(7) 要启动停止的服务，勾选服务名前的复选框即可启动。勾选"＿＿＿＿＿＿＿＿＿＿＿＿＿＿＿＿＿＿＿＿＿＿＿＿＿＿"，
此时列出的就是其他软件注册的系统服务，通过"制造商"大体可以判断出服务是否是病毒/木马，如用户电脑上的"Norton Antivirus
自动防护服务"，制造商为"Symantec Corporation"（赛门特克公司），就是＿＿＿＿＿＿＿＿＿＿＿＿＿＿＿＿＿＿＿杀
毒软件注册的服务，而"YZW"这个服务则极为可疑，经检查它正是一个木马。
提问：要查看服务的详细说明，需如何操作？
＿＿＿＿＿＿＿＿＿＿＿＿＿＿＿＿＿＿＿＿＿＿＿＿＿＿＿＿＿＿＿＿＿＿＿＿＿＿＿＿＿＿＿＿＿＿＿＿＿＿＿＿＿＿＿
＿＿＿＿＿＿＿＿＿＿＿＿＿＿＿＿＿＿＿＿＿＿＿＿＿＿＿＿＿＿＿＿＿＿＿＿＿＿＿＿＿＿＿＿＿＿＿＿＿＿＿＿＿＿＿
＿＿＿＿＿＿＿＿＿＿＿＿＿＿＿＿＿＿＿＿＿＿＿＿＿＿＿＿＿＿＿＿＿＿＿＿＿＿＿＿＿＿＿＿＿＿＿＿＿＿＿＿＿＿＿

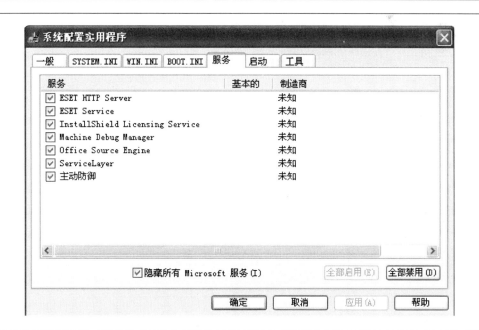

（续）

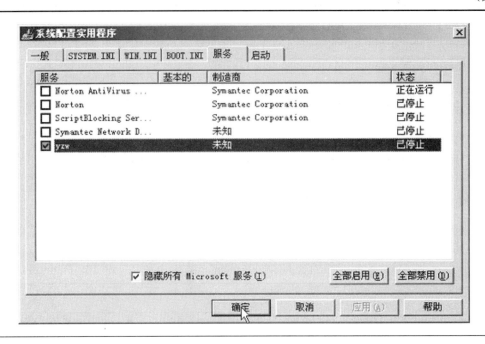

(8) 网上介绍过许多专门管理自启动程序的软件，其实 Msconfig 的自启动管理功能并不比这些软件差。单击主界面的"启动"便可列出计算机所有的自启动项目（见下图），这里列出启动项目名称、程序所在路径和启动位置，对于加载在注册表启动的程序，它还给出了详细的键值提示而无需打开注册表编辑器，如 C:WINDOWSSystem32ctfmon.exe （系统输入法程序），它便是通过 HKEY_LOCAL_MACHINE\SOFTWARE\Microsoft_____ _____这个键值来实现自启动的。

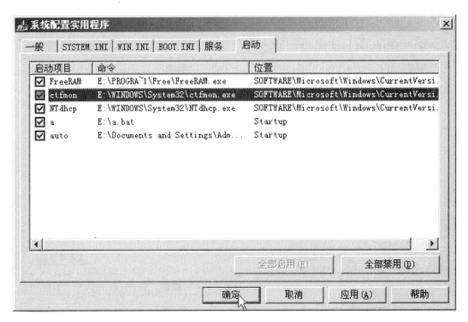

3）根据表 1-48 完成 Windows XP 系统垃圾文件清理的步骤。

表 1-48

| | |
|---|---|
| 第一种：磁盘清理<br>（1）打开"我的电脑"，单击_____，<br>选择_____，<br>弹出"磁盘清理"对话框，单击"磁盘清理"按钮，见右图。 | 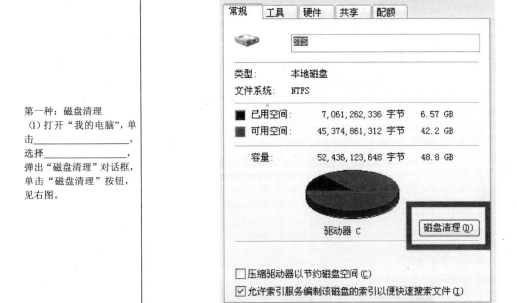 |
| （2）等待扫描完毕后选择要_____的文件，单击"确定"按钮就会自动清理垃圾文件了。（磁盘清理时最好少开一些应用程序，这样可以清理得更干净），见右图。 | 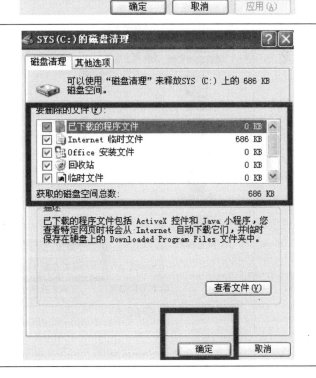 |

计算机组装与维护

（续）

第二种：批处理清理垃圾
（一键清理系统垃圾文
件）
（1）新建一个记事本，粘
贴如右图所示的内容。

（2）然后把记事本另存
为_____（可命
名为其他的名字，但后缀
不能变）的批处理文件。

（续）

| | |
|---|---|
| （3）找到右图这个文件，点击打开，就可以执行清除垃圾的命令了。 | <br>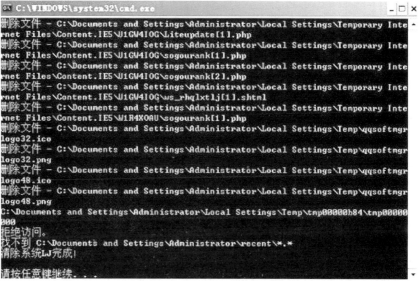 |
| 第三种：软件清理垃圾<br>这里以360安全卫士为例，一般电脑安装的安全卫士都有这个功能（也可以选择其他软件），打开安全卫士，选择_____，然后单击"开始扫描"按钮，等扫描完单击_____就好啦。 |  |

（续）

| | |
|---|---|
| 第四种：手动删除<br>（1）对于上面还不能删除的文件可以进行手动删除，能够节省一些空间。第一种方法是在\windows\system32_____文件中，选择可以删除的，如右图。如果你的系统没有这个文件可以忽略这一步。 |  |
| (2) 第二种方法是在\windows\Driver cache\i386中，打开里面的一个压缩文件，直接删除即可。 | |
| (3) 第三种方法是在\windows 下的_____文件，很少有人用系统帮助文件，可以删除，当然这个也可以保留。 | |

（续）

（4）第四种方法是打开\windows 可以看到很多蓝色的带_____符号的隐藏的文件夹，这些文件都是可以删除的。

## 学习评价

### 学习活动 7 考核评价表

| 学习活动名称： | | 班级： | | | 姓名： | | | |
|---|---|---|---|---|---|---|---|---|
| 评价项目 | 评价标准 | 评价依据（指信息、佐证） | 评价方式 | | | 权重 | 得分小计 | 总分 |
| | | | 自评 | 小组评价 | 教师评价 | | | |
| | | | 0.2 | 0.3 | 0.5 | | | |
| 职业素养 | 1.遵守管理规定及课堂纪律<br>2.学习积极主动、勤学好问<br>3.团队合作精神 | 1.考勤表<br>2.学习态度<br>3.小组评价意见 | | | | 0.3 | | |
| 专业能力 | 1.掌握虚拟内存的概念<br>2.优化 Windows XP 操作系统虚拟内存<br>3.正确进行系统配置实用程序的设置<br>4.能用多种方法进行 Windows XP 系统垃圾文件的清理 | 完成工作页情况 | | | | 0.7 | | |

教师签名： 日期：

注：评价分值均为百分制，小数点后保留 1 位；总分为整数。

## 学习活动 8 备份和恢复操作系统

### 学习目标

1）备份操作系统。

2）恢复操作系统。

### 学习准备

多媒体设备、工作页、相应学习材料、计算机、操作系统备份恢复工具等。

### 学习地点

计算机维修工作站。

### 学习过程

📖 小知识

　　Ghost 软件是美国著名软件公司 SYMANTEC 推出的硬盘复制工具，与一般的备份和恢复工具不同的是：Ghost 软件备份和恢复是按照硬盘上的簇进行的，恢复时原来分区会完全被覆盖，已恢复的文件与原硬盘上的文件地址不变，而有些备份和恢复工具只起到备份文件内容的作用，不涉及物理地址，很有可能导致系统文件的不完整，这样当系统受到破坏时，由此恢复不能达到系统原有的状况。在这方面，Ghost 有着绝对的优势，能使受到破坏的系统恢复原状，并能一步到位。它的另一个特点就是将硬盘上的内容复制到其他硬盘上，这样，可以不必重新安装原来的软件，可以省去大量时间，这是软件备份和恢复工作的一次革新。可见，Ghost 软件不仅给个人用户带来方便，也使大型机房的日常备份和恢复工作省去了重复和繁琐的操作，节约了大量的时间，也避免了文件的丢失。

👉 引导问题

1）利用 Ghost 进行 Windows XP 操作系统备份，填写完成表 1-49 中的步骤。

表 1-49

（1）使用 Ghost 进行系统备份，包括整个硬盘和分区硬盘两种方式。下面以备份 C 盘为例，将光驱驱动为第一启动盘，插入光盘重启电脑进入 Ghost，画面如下。

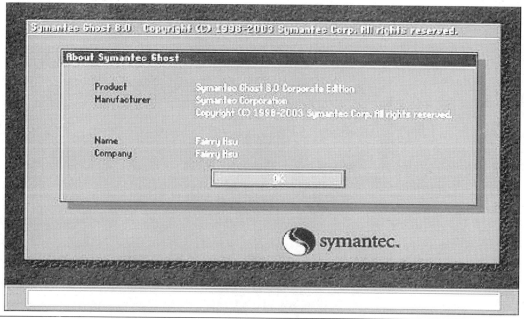

（2）上图中显示程序信息，直接按<Enter>键后，显示主程序界面(见下图)。主程序有 4 个可用选项：＿＿＿＿＿＿＿＿＿＿＿＿、＿＿＿＿＿＿＿＿＿＿＿、＿＿＿＿＿＿＿＿＿＿＿和 Local(本地)。在菜单中单击 Local（本地）选项，在右面弹出的菜单中有 3 个子项，其中＿＿＿＿＿＿＿＿＿＿＿表示备份整个硬盘（即硬盘复制）、＿＿＿＿＿＿＿＿＿＿＿表示备份硬盘的单个分区、＿＿＿＿＿＿＿＿＿＿＿表示检查硬盘或备份的文件，查看是否可能因分区、硬盘被破坏等造成备份或还原失败。

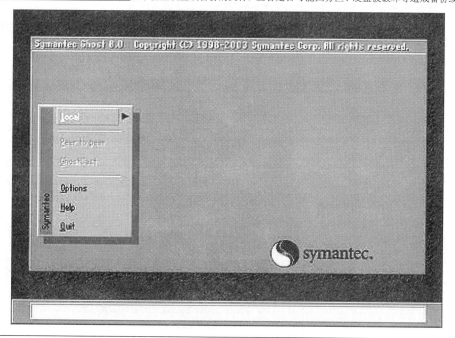

（续）

（3）这里要对本地磁盘进行操作，应选 Local；当前默认选中"Local"（字体变白色），按向右方向键展开子菜单，用向上或向下方向键选择，依次选择 Local(本地)→_____ (分区)→_____(产生镜像) (这步一定不要选错)，见下图。

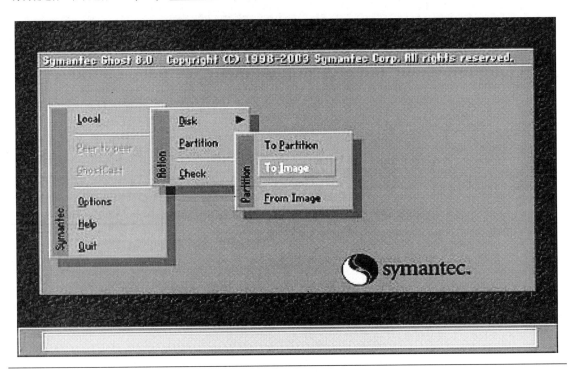

（4）确定"To Image"被选中(字体变白色)，然后回车，见下图。

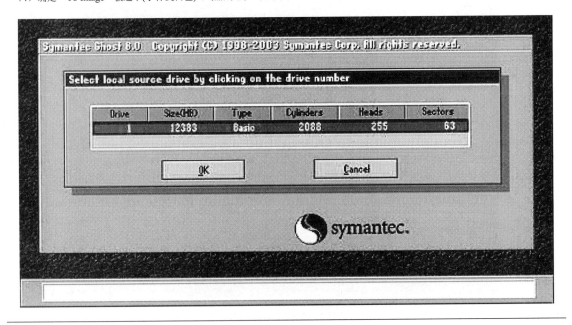

（续）

（5）弹出硬盘选择窗口，因为这里只有一个硬盘，所以不用选择了（如果是多个硬盘，请选择你要备份分区的磁盘，然后按<Enter>键），直接按<Enter>键，见下图。

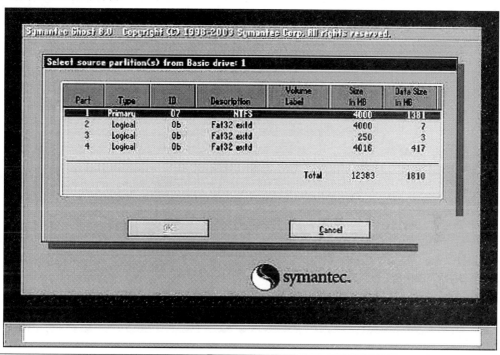

（6）选择要制作_____文件的分区（即源分区），这里用上下键选择分区 1（即 C 分区），再按<TAB>键切换到"OK"按钮，再按<Enter>键，见下图。

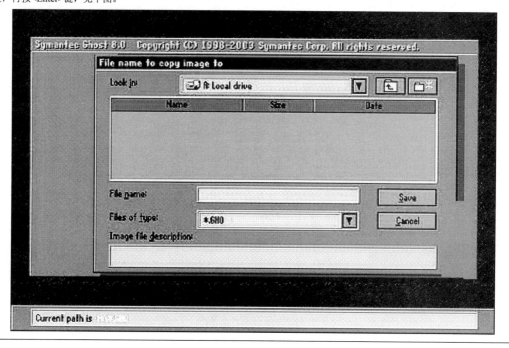

（续）

（7）选择备份存放的分区、目录路径及输入备份文件名称。上图中有 4 个框，试填写这 4 个框的各自功能：①最上边框(Look in)_____；②中间最大的边框_____；③ (File name)_____，注意影像文件的名称带有 GHO 的后缀名；④(File of type)_____，默认为 GHO 不用改。

这里首先选择存放影像文件的分区：按<Tab>键约 8 次切换到最上边框（Look in）（使它以白色线条显示），见下图。

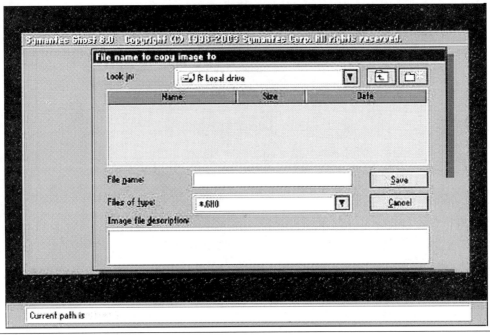

（8）按<Enter>键确认选择，见下图。

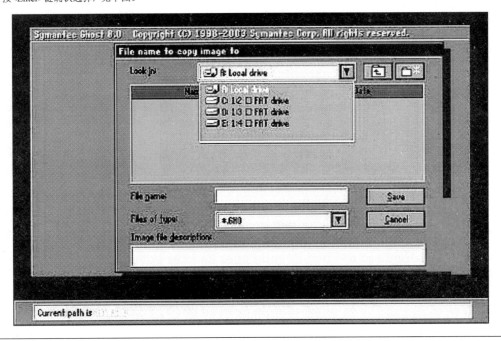

（续）

（9）选择好分区后按<Enter>键确认选择，见下图。

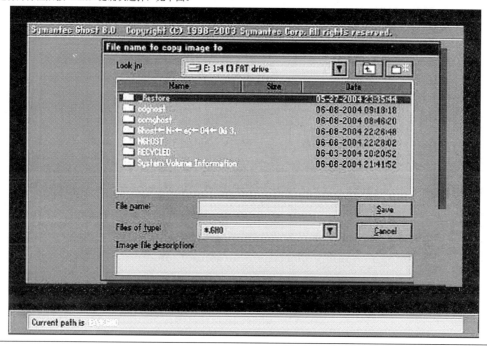

（10）确认选择分区后，第二个框(最大的)内即显示了＿＿＿＿＿＿＿＿＿＿＿，从显示的目录列表中可以进一步确认所选择的分区是否正确。如果要将＿＿＿＿＿＿＿＿＿＿＿存放在这个分区的目录内，可用向下方向键选择目录后回车确认即可。这里要将影像文件放在根目录，所以不用选择目录，直接按<Tab>键切换到＿＿＿＿＿＿＿＿＿＿＿，见下图。

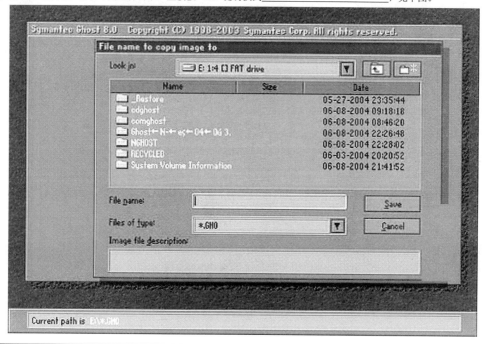

（续）

（11）这里输入影像文件名称，备份 C 盘的 Windows XP 系统,影像文件名称就输入 cxp.GHO（名称仅供参考），注意影像文件的名称带有 GHO 的后缀名，见下图。

（12）输入影像文件名称后，下面两个框不用输入了，按<Enter>键后准备开始备份，见下图。

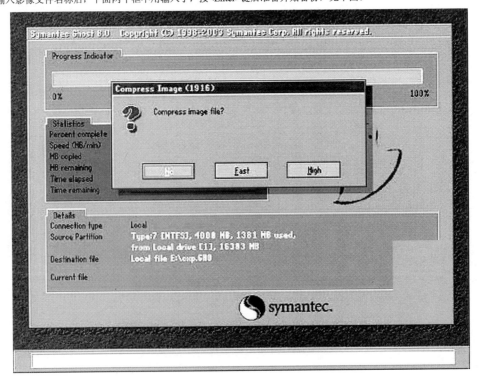

（续）

（13）接下来,程序询问是否压缩备份数据(见上图),并给出 3 个选择,试说明这 3 个选项所表示的意思:No 表示_____,
Fast 表示_____, High 表示_____。如果不需要经常执行备份与恢复操作,可选择
_____压缩比例高,所用时间 3～5min 但影像文件的大小可减小约 700M。这里按向右方向键选择 High,见下图。

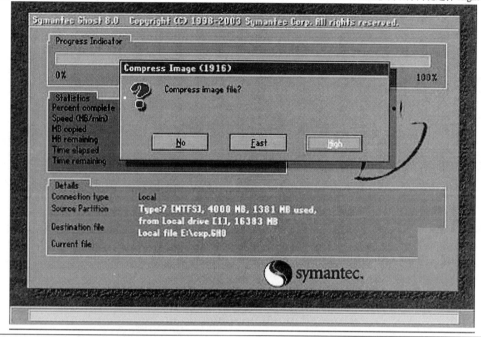

（14）选择好压缩比后, 按<Enter>键后即开始进行备份,见下图。

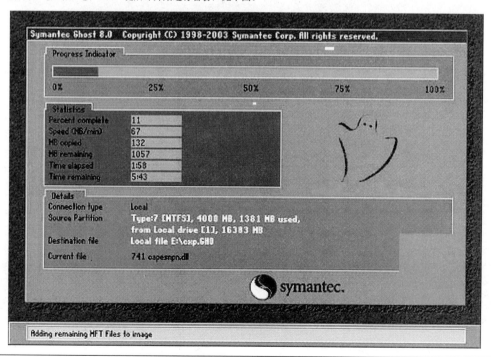

（续）

（15）整个备份过程一般需要五至十几分钟，提问：备份过程的时间长短与哪些因素有关？

完成后显示见下图。

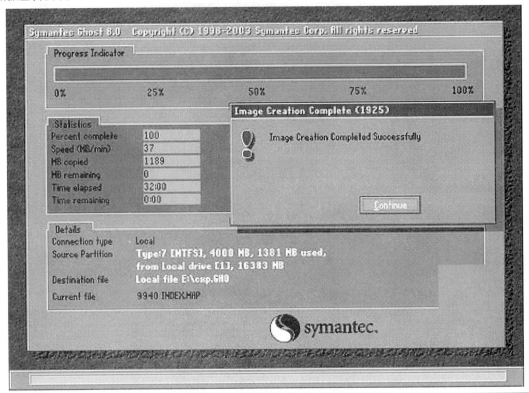

（16）提示操作已经完成，按<Enter>键后，退出到程序主界面，见下图。要退出 Ghost 程序，用向下方向键选择 Quit 即可。

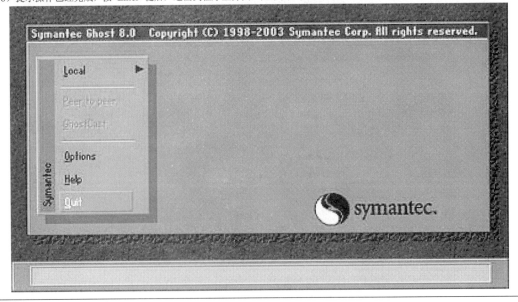

（续）

（17）在弹出的方框中单击选择"yes"按钮，见下图。退出后，系统备份完成。

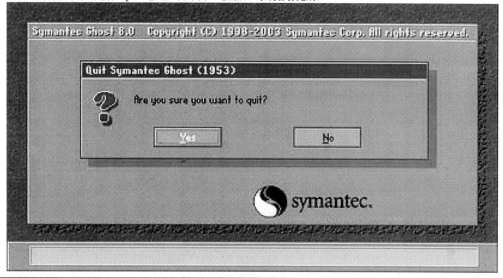

 引导问题

2）利用 Ghost 进行 Windows XP 操作系统恢复，填写完成表 1-50 中的步骤。

表 1-50

（1）如果硬盘中已经备份的分区数据受到损坏，用一般数据修复方法不能修复，以及系统被破坏后不能启动，都可以用备份的数据进行完全的复原而无须重新安装程序或系统。当然，也可以将备份还原到另一个硬盘上。

这里介绍将存放在 E 盘根目录的原 C 盘的影像文件 cxp.GHO 恢复到 C 盘的过程：要恢复备份的分区，进入 DOS 下，运行 ghost.exe 启动进入主程序画面，见下图。

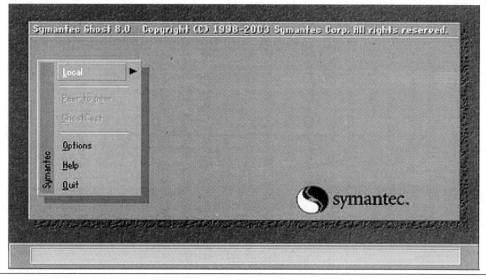

（续）

（2）依次选择＿＿＿＿＿＿＿＿＿（本地）→＿＿＿＿＿＿＿＿＿（分区）→＿＿＿＿＿＿＿＿＿（恢复镜像）
(这步一定不要选错)，见下图。

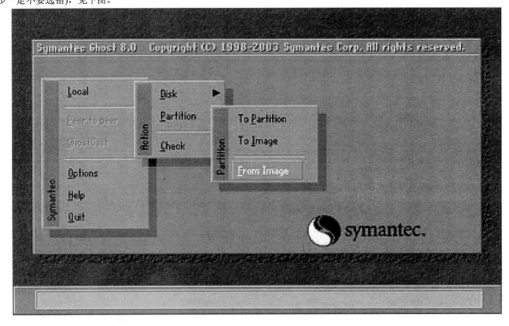

（3）按<Enter>键确认，见下图。

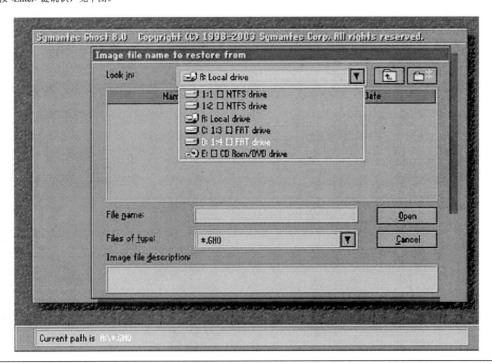

（续）

（4）选择镜像文件所在的分区,由于影像文件 **cxp.GHO** 存放在 **E** 盘(第一个磁盘的第四个分区)根目录，所以这里应选择
"＿＿＿＿＿＿＿＿＿＿＿"，按<Enter>键确认，见下图。

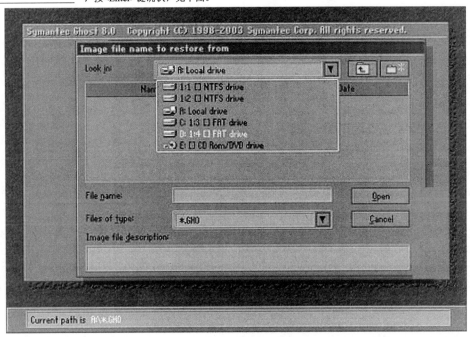

（5）确认选择分区后，第二个框(最大的)内即显示了该分区的＿＿＿＿＿＿＿＿＿＿＿，用方向键选择镜像文件 cxp.GHO 后，
输入镜像文件名一栏内的＿＿＿＿＿＿＿＿＿＿＿即自动完成输入，按<Enter>键确认，见下图。

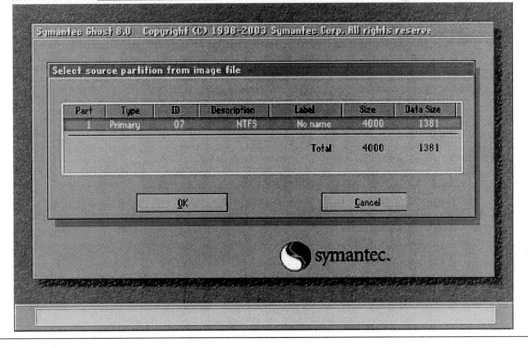

（续）

（6）上图显示出选中的镜像文件备份时的备份信息：从第1个分区备份，该分区为_____格式，大小_____，已用空间_____。确认无误后，按<Enter>键，显示见下图。

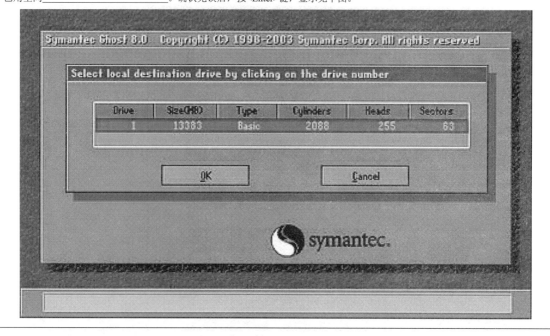

（7）选择将镜像文件恢复到哪个硬盘。由于这里只有一个硬盘，因此不用选择，直接按<Enter>键，见下图。

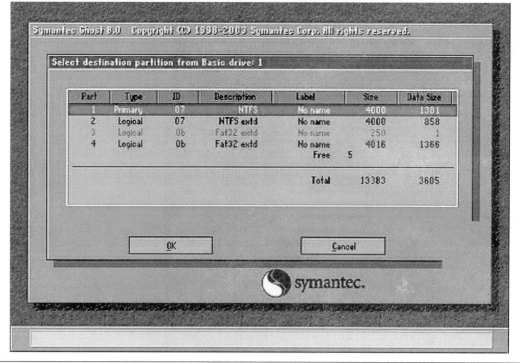

（续）

（8）选择要恢复到的分区,这一步要特别小心。由于要将镜像文件恢复到_____盘(即第一个分区)，所以这里选
择_____ (第一个分区)，按<Enter>键，见下图。

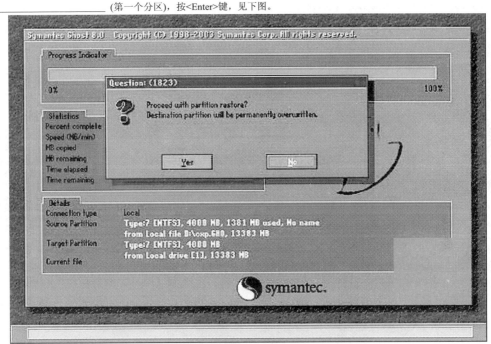

提问：上图的小方框的英文表示什么意思？

（9）单击"Yes"按钮后，开始恢复，显示见下图。

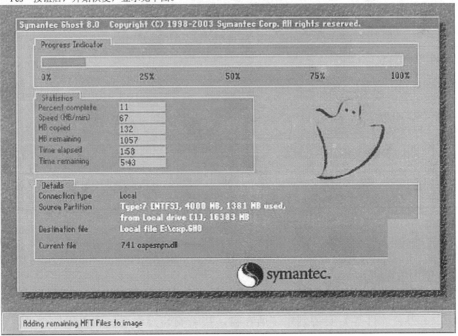

(续)

（10）正在将备份的镜像恢复，完成后显示见下图。直接按<Enter>键后，计算机将重新启动，启动后就可见到效果了，恢复后和原备份时的系统一模一样，而且磁盘碎片整理也免了。

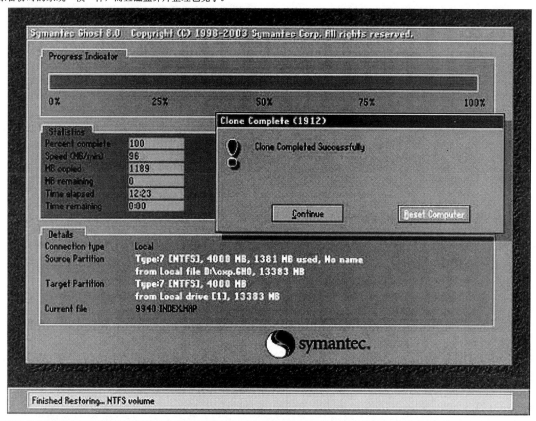

小提示：备份前几点建议：
①转移或删除页面文件。
②关闭休眠和系统还原。
③删除暂时不需要的字库、临时文件等。
④扫描磁盘和整理磁盘碎片。
⑤注册好 MSN、杀毒软件等。

提问：什么情况下该恢复系统的复制备份？

_____

_____

_____

 小知识

Ghost 使用方案。

1）最佳方案：完成操作系统及各种驱动的安装后，将常用的软件（如杀毒、媒体播放软件、Office 办公软件等）安装到系统所在盘，接着安装操作系统和常用软件的各种升级补丁，然后优化系统，最后就可以用启动盘启动到 DOS 系统下做系统盘的复制备份了，注意备份盘的大小不能小于系统盘。

2）如果因疏忽而在装好系统的一段间后才想起要复制备份，那也没关系，备份前最好先清除系统盘里的垃圾文件以及注册表里的垃圾信息（推荐用 Windows 优化大师），然后整理系统盘磁盘碎片，整理完成后再到 DOS 系统下进行复制备份。

3）最后强调：在备份还原时一定要注意选对目标硬盘或分区。

## 学习评价

**学习活动 8 考核评价表**

| 评价项目 | 评价标准 | 评价依据（指信息、佐证） | 评价方式 | | | 权重 | 得分小计 | 总分 |
|---|---|---|---|---|---|---|---|---|
| | | | 自评 | 小组评价 | 教师评价 | | | |
| | | | 0.2 | 0.3 | 0.5 | | | |
| 职业素养 | 1.遵守管理规定及课堂纪律<br>2.学习积极主动、勤学好问<br>3.团队合作精神 | 1.考勤表<br>2.学习态度<br>3.小组评价意见 | | | | 0.3 | | |
| 专业能力 | 1.掌握 Ghost 的基本概念<br>2.利用 Ghost 正确进行 Windows XP 操作系统备份<br>3. 在已有备份文件的情况下，利用 Ghost 正确进行 Windows XP 操作系统恢复 | 完成工作页情况 | | | | 0.7 | | |

学习活动名称：　　　　　　班级：　　　　　　姓名：

教师签名：　　　　　　　　　　　　　日期：

注：评价分值均为百分制，小数点后保留 1 位；总分为整数。

# 学习任务2 机房软件升级

1）根据老师分配的软件升级任务，确认哪些软件需要重新安装，哪些软件可以直接升级，是否需要更换操作系统。

2）查阅相关的材料或上网获取需要升级的软件的主要功能，并确定软件的使用版本。

3）以小组为单位制定完整的升级方案，并通过审核。

4）根据升级方案和机房实际情况制定升级计划，规划软件的安装顺序、路径和备份位置，做好升级前的备份。

5）使用网络进行复制或其他相似技术对批量计算机独立进行软件升级和备份，并能分析和解决实施过程中易出现的问题。

6）对软件升级中出现的问题给出合理解释，并提出合理的解决措施。

7）独立编写软件升级的小结，小结中阐述软件升级的过程，该过程中出现的问题及解决方案，升级难点和解决难点的关键技术。

8）填写软件升级记录并交给老师确认。

新学期开学后，学校为了满足教学要求，需要对机房的软件（包括系统软件、教师上课需要用到的软件、考证平台等）进行安装或升级。部门主管将该任务交给机房管理员小B处理，要求小B在两天时间内完成。

小B接收到该任务后，与相应授课教师进行沟通，确定所需软件及版本并制定合适的机房软件升级方案，交给部门主管审核通过后，按计划实施。软件安装升级完成后，做好系统备份，再交给主管领导验收后投入使用。在实施过程中，出现问题应及时与相关人员进行沟通并解决问题，任务完成后进行评价总结。

任 务 流 程 与 活 动

1）接收机房软件安装、升级任务。

2）制定升级方案。

3）软件升级前的准备。

4）实施软件升级(双系统安装/更新驱动程序/软件注册、汉化、破解的方法/网络复制)。

5）验收。

## 学习活动 1　接收机房软件安装、升级任务

### 学习目标

1）能叙述常见机房软件名称及作用。

2）通过不同途径获取机房所需软件的最新版本资讯。

3）与客户沟通，获取重要的信息，如：机房软件安装种类、版本和其他需要。

4）填写软件安装需求列表。

### 学习准备

多媒体设备、工作页、相应学习材料、计算机、机房条例、安装光盘等。

### 学习地点

教室、互联网机房。

### 学习过程

 引导问题

1）机房现有的计算机设备配置是什么情况？请实地考察后填写设备调查表，见表 2-1。

表 2-1

| 部件 | 调查项目 | 参数明细 |
|---|---|---|
|  | 硬盘容量 | _____GB |
|  | 屏幕大小 | _____in |

（续）

| 部件 | 调查项目 | 参数明细 |
|---|---|---|
| 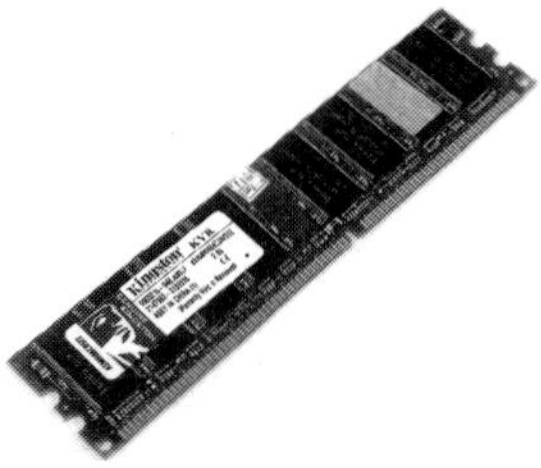 | 内寸大小 | ＿＿＿GB |
|  | 是否拥有 | 是□　否□ |
|  | 型号 | |

2）软件分为系统软件和应用软件。系统软件是管理、监控和维护计算机资源的软件；应用软件是为解决某些实际问题而编制的程序和资料。表 2-2 中哪些是系统软件？哪些是应用软件？

①Windows ②Office ③纸牌程序 ④C 语言编译器 ⑤Linux ⑥Photoshop ⑦百度浏览器 ⑧财会软件 ⑨声卡驱动程序

表 2-2

| 系统软件 | |
|---|---|
| 应用软件 | |

3）与部门主管和相关任课老师沟通，并简要地将软件要求填写在表 2-3 调查表中。

表 2-3

| 部门： | | | 任课教师 | | 日期： | |
|---|---|---|---|---|---|---|
| 序号 | 软件所需操作系统 | 软件名称 | | 版本号 | 软件语言 | 软件安装要求 |
| 1 | | | | | □中文<br>□英文 | |
| 2 | | | | | □中文<br>□英文 | |
| 3 | | | | | □中文<br>□英文 | |
| 4 | | | | | □中文<br>□英文 | |
| 5 | | | | | □中文<br>□英文 | |
| 备注 | | | | | | |

 查询与收集

请根据机房现有的软件安装情况及版本信息，填写表 2-4。

表 2-4

| 序号 | 软件名称 | 现有版本 | 软件大小 |
|---|---|---|---|
| 1 | | | |
| 2 | | | |
| 3 | | | |
| 4 | | | |
| 5 | | | |
| 6 | | | |
| 7 | | | |
| 8 | | | |
| 9 | | | |
| 10 | | | |

4）通过上述工作，在教师指导下汇总机房软件安装需求列表，见表 2-5。

表 2-5

| 序号 | 软件名称 | 需求部门（人员） | 版本号 | 是否必须 |
|---|---|---|---|---|
| 1 | | | | |
| 2 | | | | |
| 3 | | | | |
| 4 | | | | |
| 5 | | | | |
| 6 | | | | |

 小词典

什么是软件版本号：

## 学习评价

### 学习活动 1  考核评价表

| 学习活动名称： | | | 班级： | | | 姓名： | | |
|---|---|---|---|---|---|---|---|---|
| 评价项目 | 评价标准 | 评价依据<br>（指信息、佐证） | 评价方式 | | | 权重 | 得分<br>小计 | 总分 |
| | | | 自评 | 小组评价 | 教师评价 | | | |
| | | | 0.2 | 0.3 | 0.5 | | | |
| 职业素养 | 1. 遵守管理规定及课堂纪律<br>2. 学习积极主动、勤学好问<br>3. 团队合作精神 | 1. 考勤表<br>2. 学习态度<br>3. 小组评价意见 | | | | 0.3 | | |
| 专业能力 | 1. 能叙述系统软件和应用软件的区别<br>2. 能参与机房软件需求调查<br>3. 能列出机房所需软件 | 完成工作页情况 | | | | 0.7 | | |

教师签名：                                    日期：

注：评价分值均为百分制，小数点后保留 1 位；总分为整数。

## 学习活动 2  制定升级方案

### 学习目标

1）通过查阅相关的材料或上网获取需要升级的软件的主要功能特点，结合用户需求确定使用软件的版本。

2）在教师的指导下，分析软件升级的流程和步骤。

3）根据软件版本及不同软件之间的兼容性，制定解决软件冲突问题方案。

4）在教师指导下，学习多系统引导知识，并制定双系统安装方案。

5）在教师指导下制定软件升级方案。

### 学习准备

多媒体设备、工作页、相应学习材料、计算机、机房条例、安装光盘等。

## 学习地点

教室、互联网机房。

## 学习过程

查询与收集

查阅资料，完成符合用户要求的软件的最新版本信息的收集，见表 2-6。

表 2-6

|  | 软件名称 | 最新版本 | 拟使用版本 |
|---|---|---|---|
| 系统软件 | Windows | Windows 8 | Windows XP SP3 |
|  |  |  | Windows7 Professional |
|  |  |  |  |
| 应用软件 | Microsoft Office |  |  |
|  |  |  |  |
|  |  |  |  |
|  |  |  |  |
|  |  |  |  |
|  |  |  |  |
|  |  |  |  |

小词典：软件版本命名

（1）GNU 风格的版本号命名格式

主版本号 . 子版本号 [. 修正版本号 [.编译版本号 ]]

英文对照 ： Major_Version_Number.Minor_Version_Number[.Revision_Number[.Build_Number]]

示例：1.2.1, 2.0, 5.0.0 build-13124

（2）Windows 风格的版本号命名格式

主版本号. 子版本号 [ 修正版本号 [. 编译版本号 ]]

英文对照： Major_Version_Number.Minor_Version_Number[

Revision_Number

Revision_Number[.Build_Number]]

示例: 1.21, 2.0

（3）Net Framework 风格的版本号命名格式

主版本号.子版本号[.编译版本号[.修正版本号]]

英文对照： Major_Version_Number.Minor_Version_Number[.Build_Number[.Revision_Number]]

版本号由 2～4 部分组成：主版本号、次版本号、内部版本号和修订号。主版本号和次版本号是必选的；内部版本号和修订号是可选的。但是如果定义了修订号部分，则内部版本号就是必选的。所有定义的部分都必须是大于或等于 0 的整数。

### 👆 引导问题

1）你选择软件时是否会考虑正版和破解版的问题，如何获得软件呢?请填写表 2-7 中关于机房所用软件的授权情况和来源说明。

表 2-7

| 软件 | 软件授权（正版、破解版……） | 预期价格 | 来源（光盘、网络……） |
| --- | --- | --- | --- |
|  |  |  |  |
|  |  |  |  |
|  |  |  |  |
|  |  |  |  |
|  |  |  |  |
|  |  |  |  |

2）软件的来源有很多，可以是正版的光盘，也可以是网上的资源。某些软件的防盗版机制比较先进，难以在机房的众多计算机中简单地复制使用，你打算如何解决？

_____

_____

_____

_____

### 🍎 小提示

某些软件除了正版外，还有破解版、免注册版、绿色版等。个别软件在使用时还必须联网验证。所以在安装这些软件时，不但要进行单机测试，还要多用几台计算机进行联网测试。

小词典

共享软件：

_____

_____


破解软件：

_____

_____


绿色软件：

_____

_____


3）系统安装了众多软件后，计算机的性能怎样？各软件的安装位置是否有必要更改？程序默认的数据存放位置是否放在自动还原分区？各个分区的空间是否还足够？你遇到过的软件冲突情况有哪些？请填写在表2-8中。

表 2-8

| | 参考点 | 问题细则或解决方案 |
|---|---|---|
| 系统性能 | C盘剩余空间 | |
| | 系统原有启动速度 | |
| | 是否有系统还原区 | |
| | 各分区预留空间要求 | |
| 软件兼容问题 | 是否需要双系统引导 | |
| | 驱动程序冲突 | |
| | 显示内存不能读或不能写错误提示 | |
| | Office 不同版本安装 | |
| | 杀毒软件与防火墙 | |
| | 多媒体软件冲突 | |
| | 其他情况 | |

**查询与收集**

为解决软件冲突，你可能需要一些系统优化软件，请按表 2-9 收集一些主流优化软件信息。

表 2-9

| 软件名称 | 1 | 使用心得 |
|---|---|---|
| 软件界面 | 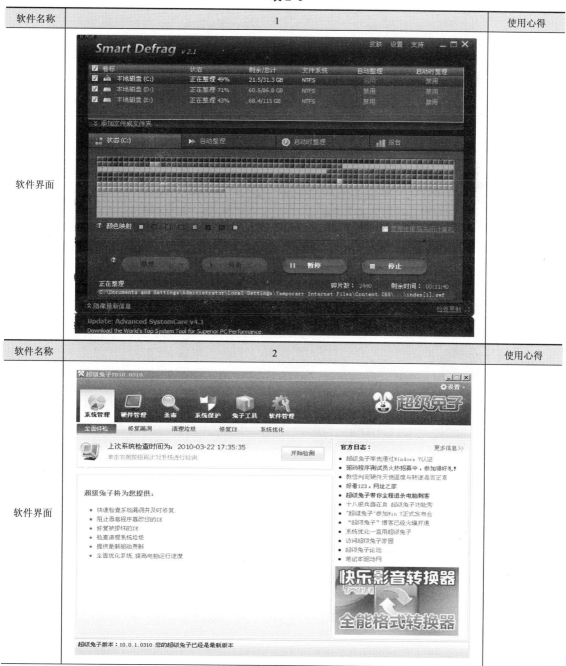 | |
| 软件名称 | 2 | 使用心得 |
| 软件界面 | | |

（续）

| 软件名称 | 3 | 使用心得 |
|---|---|---|

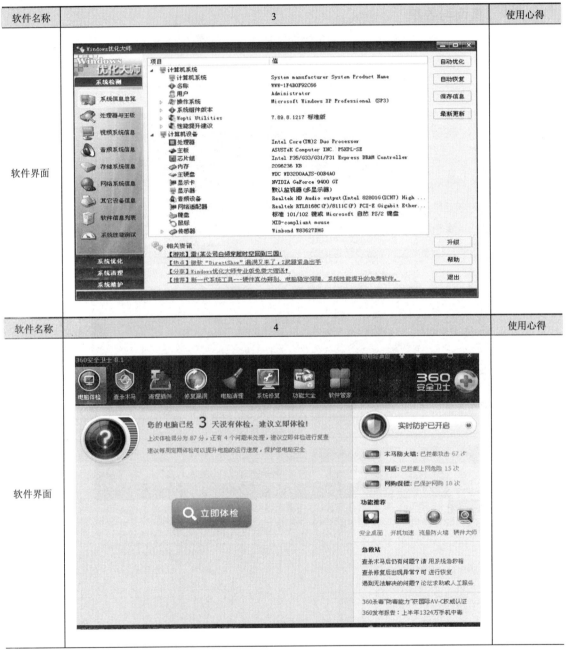

软件界面

| 软件名称 | 4 | 使用心得 |
|---|---|---|

软件界面

（续）

| 软件名称 | 5 | 使用心得 |
|---|---|---|
| 软件界面 |  | |

4）目前有哪些多重引导的解决方案？

1）微软官方解决方案。如果计算机的硬盘有充足的可用空间，则可以在一个独立的分区上安装较新版本的 Windows，并在计算机上保留较早版本的 Windows。这种情况被称为"多重引导"或"双重引导"配置。无论何时启动计算机，都可以选择要运行哪一个版本的 Windows。

2）使用多重引导软件或手动修改系统，请根据教师指导写下基本步骤。

## 记录与编写

在进行了软件安装和测试优化后，现在要把机房软件升级的方案制定出来并通过主管的审核。请参考附录《计算机教学机房（学生机）系统安装方案》制定一份满足本次升级需要的机房软件升级方案，方案包括以下内容：安装的操作系统、各分区的大小、各个系统中安装的软件（版本）、安装位置、还原区的设置、测试优化效果、试用效果等。

某机房软件升级的方案书：

## 学习评价

### 学习活动 2　考核评价表

| 学习活动名称： | | | 班级： | | | 姓名： | | |
|---|---|---|---|---|---|---|---|---|
| 评价项目 | 评价标准 | 评价依据（指信息、佐证） | 评价方式 | | | 权重 | 得分小计 | 总分 |
| | | | 自评 | 小组评价 | 教师评价 | | | |
| | | | 0.2 | 0.3 | 0.5 | | | |
| 职业素养 | 1.遵守管理规定及课堂纪律<br>2.学习积极主动、勤学好问<br>3.团队合作精神 | 1.考勤表<br>2.学习态度<br>3.小组评价意见 | | | | 0.3 | | |
| 专业能力 | 1.能叙述机房所需软件版本间的区别<br>2.能针对软件冲突和双系统要求给出解决方法<br>3.能制定出软件升级方案 | 完成工作页情况 | | | | 0.7 | | |

教师签名：　　　　　　　　　　　　　　　　　　　　　日期：

注：评价分值均为百分制，小数点后保留 1 位；总分为整数。

## 学习活动 3　软件升级前的准备

### 学习目标

1）在进行计算机机房软件升级安装和升级前，做好个别软件备份和分区或硬盘备份的准备。

2）熟知常用软件的名称、版本、功能及使用注意事项。

3）根据已确定的升级方案，下载并存储要安装和升级的软件。

### 学习准备

1）学习资料：各种具体软件的说明书、使用手册等。

2）软件资源：各种系统和应用软件资源等。

3）硬件设备：多媒体计算机、备份存储器等。

互联网多媒体机房。

## 记录与编写

1）记录机房已装的软件，及其主要功能等信息，填写在表 2-10 中。

表 2-10

| 软件名称 | 版本 | 主要功能 | 是否有使用限制（如注册或联网要求） | 是否需要备份 |
|---|---|---|---|---|
|  |  |  |  |  |
|  |  |  |  |  |
|  |  |  |  |  |
|  |  |  |  |  |
|  |  |  |  |  |

2）根据表 2-10 确定是否单独备份某个软件或某个分区以及整个硬盘，在下面的横线上记录出做法和理由。

_____

_____

_____

_____

3）下载并测试要安装和升级的软件，完成表 2-11。

记录：准备了哪些软件并进行了测试。

表 2-11

| 软件 | 版本（正版、破解版……） | 功能 | 来源（光盘、网络……） | 安装测试成功？ |
|---|---|---|---|---|
|  |  |  |  |  |
|  |  |  |  |  |
| 所有软件安装后的整体测试是否通过 |  |  |  |  |

4）疑难解答。有其他同学在工作中遇到了以下问题，请帮他（她）解决一下：

①实在无法找到原来系统的某个应用软件的安装程序，如何备份？

_____

_____

②某些软件在单机环境测试下能正常使用，但在联网环境测试下不能正常使用。这是怎么回事？如何解决？

_____

_____

③某些软件（如 Apache+SVN）和防火墙有冲突，如何在保障计算机安全的前提下又能正常使用这些软件？

_____

_____

_____

④遇到的其他的问题和解决方法。

_____

_____

_____

## 学习评价

### 学习活动 3　考核评价表

| 学习活动名称： | | | | 班级： | | | 姓名： | |
|---|---|---|---|---|---|---|---|---|
| 评价项目 | 评价标准 | 评价依据（指信息、佐证） | 评价方式 | | | 权重 | 得分小计 | 总分 |
| | | | 自评 | 小组评价 | 教师评价 | | | |
| | | | 0.2 | 0.3 | 0.5 | | | |
| 职业素养 | 1. 遵守管理规定及课堂纪律<br>2. 学习积极主动、勤学好问<br>3. 团队合作精神 | 1. 考勤表<br>2. 学习态度<br>3. 小组评价意见 | | | | 0.3 | | |
| 专业能力 | 1. 能熟悉并描述常见的软件<br>2. 熟知备份流程、作用及使用注意事项<br>3. 能正确准备软件并进行测试 | 完成工作页情况 | | | | 0.7 | | |

教师签名：　　　　　　　　　　　　　　　　　　日期：

注：评价分值均为百分制，小数点后保留 1 位；总分为整数。

## 学习活动 4　实施软件升级

### 学习目标

1）能使用相关工具进行分区格式化。
2）按客户要求安装双系统和驱动程序。
3）按软件升级方案安装和升级机房软件并调试优化。
4）备份系统和网络复制。
5）记录安装过程。

### 学习准备

多媒体设备、工作页、相应学习材料、计算机、机房条例、安装光盘等。

### 学习地点

教室、互联网机房。

### 学习过程

 查询与收集

查阅资料，列出目前常见的 Windows 7 与 Windows XP 双系统安装方法，见表 2-12。

表 2-12

|  | Windows 7 下安装 Windows XP | Windows XP 下安装 Windows 7 | 独立双系统安装 |
|---|---|---|---|
| 评价 |  |  |  |
| 操作难度 |  |  |  |
| 推荐度 |  |  |  |

　　最简单易行的方法，无疑是 Windows XP 下安装 Windows 7，普通用户操作起来也没有太大难度；但 Windows 7 下安装 Windows XP，则相对困难很多，而且容易产生不少问题，因此不推荐普通用户安装；独立多系统的安装，其难度相对偏高，但优势也相当明显，比较适合计算机技术爱好者尝试使用。

小词典

ghost 版安装盘：

目前的系统安装盘分为两种类型：原版（安装版）和 ghost 版，现在主流的都是 ghost 版，为什么呢？因为它安装非常快，这是原版系统不能匹敌的，而且里面还集成了常用驱动和常用软件，非常方便。但是 ghost 版有一个缺点，这是在装双系统时表现出来的，它只能安装在 C 盘上（主分区，活动），而我们设置活动分区只能设置一个活动分区，不能设置两个，而且主分区最多只能设置 3 个，这在后来预装正版 Windows 7 下带来困难，因为许多预装正版 Windows 7 下有三个主分区：一个引导分区，大概有 100 多 MB；一个还原分区，有几个 G；一个 Windows 7 系统分区。

 引导问题

1）你能按照机房的具体情况进行双系统安装吗？请参考下面教程操作，如果在安装过程中有自己的见解或不同方法可以在操作笔记中列出来，见表 2-13。

表 2-13

## Windows 7下装Windows XP需要准备4个工具：

1.Windows 7光盘
2.Windows XP光盘
3.带网卡的驱动精灵(当然自己下载适合的驱动也行)
4.Windows 7启动项修复工具

如果是从Windows XP安装Windows 7会简单很多，只需要弄张Windows 7盘直接安装到不同分区即可。

但是从已有的Windows 7安装Windows XP会有些小困难，先把上面"四样法宝"准备好吧。尽量不要用Ghost，有时候会识别不出硬盘分区，根据测试，U盘也不太靠谱。所以推荐 用正版光盘！

至于驱动，一定要先准备好网卡，因为Windows XP没有自带Realteck的最新驱动，下面都有下载地址。

（1）你的操作记录：

（续）

## 第一步：先装Windows 7（同时制作主分区）

首先安装Windows 7系统，进入磁盘分区界面，先分出两个主分区，单击"新建分区(New)"输入容量即可。
（分好后如下图中的Partition 2和Partition 3）
选一个分区"Disk 0 Partition 2"，单击"下一步"按钮。

主分区最多可以做4个，在这里就不再尝试了。建议将装Windows 7系统的分区分配50 GB，Windows XP系统可以自由划分，最少也要20 GB。

（2）你的操作记录：

（3）你的操作记录：

（续）

## 第二步：用光盘装Windows XP

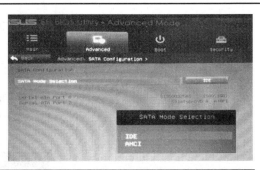

更改磁盘模式为IDE，然后在另一个磁盘分区安装Windows XP。

我们的思路是：先在IDE模式下安装Windows XP，然后进入系统再装AHCI驱动，最后开启AHCI。

用光盘安装Windows XP可以最大限度地降低兼容性引起的找不到硬盘或者引导错误等问题，可以说是最有效的方法。

选择非Windows7那个分区/Partition3

（4）你的操作记录：

（5）你的操作记录：

（续）

## 第三步：添加Windows 7启动项

安装成功后，重启默认会进入Windows XP，不会有选择菜单。因此需要加个Windows 7启动选项进去。单击"Windows 7启动项修复工具"

按照提示，选则第二项，在Windows 7上新装Windows XP后添加Windows 7启动菜单。

修改后重启发现可以选择系统了

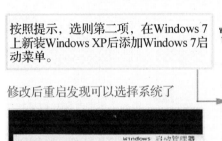

（6）你的操作记录：

## 第四步：Windows XP下安装AHGI驱动

安装成功后，如果还是把BIOS的磁盘设置为IDE，那么进入Windows 7时可能会出现蓝屏，因为Windows 7是在AHCI模式下安装的，因此为了能够进入任何一个系统，应在Windows XP中装上AHCI驱动。

右键单击红框中的两个驱动器，更新驱动为标准双通道PCI IDE控制器。单击"下一步"按钮即可，不用重启。

首先从驱动精灵中查看主板的芯片组型号。我的笔记本是HM65芯片组，那么就去找对应的Windows XP下的AHCI驱动。

下面提供了HM65芯片组在Windows XP下AHCI的驱动。

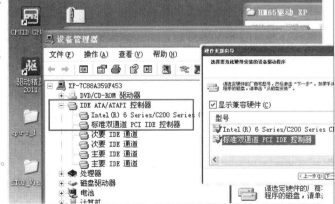

（7）你的操作记录：

（续）

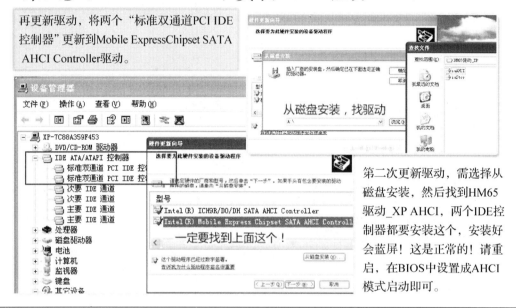

## 第四步：Windows XP下安装AHCI驱动

再更新驱动，将两个"标准双通道PCI IDE控制器"更新到Mobile ExpressChipset SATA AHCI Controller驱动。

从磁盘安装，找驱动

一定要找到上面这个！

第二次更新驱动，需选择从磁盘安装，然后找到HM65驱动_XP AHCI，两个IDE控制器都要安装这个，安装好会蓝屏！这是正常的！请重启，在BIOS中设置成AHCI模式启动即可。

（8）你的操作记录：

2）还有另外的双系统安装方法吗？

在 Windows XP 下硬盘安装 Windows 7 的详细说明：

①在 Windows XP 装在 C 盘，Windows 7 装在其他盘，例如 E 盘，该盘必须是 NTFS 格式的空白磁盘（如果某些数据没有彻底清除，安装前请先快速格式化一次，以免安装过程出错），大小 16G 以上，建议 20G。

②把下载好的镜像放在非 Windows 7 安装盘，直接用 WinRAR 解压，得到一个文件夹，双击运行里面的 Setup，单击"下一步"按钮，接着按提示做就行了，安装过程会重启几次，整个安装过程 20min 左右，不同配置安装时间会有差别。（特别提醒：安装过程一定不要选升级，要选"自定义"，然后选择事先准备好安装 Windows 7 所在的那个磁盘，例如 E 盘。另外激活码先不要填写，直接单击"下一步"按钮，安装完成后再用"激活工具"激活即可。）

③安装完成，重启后会看到两个选择菜单，第一个是 Earlier Version of Windows 即早期的操作系统 Windows XP；第二个是 Windows 7，且开机默认进入的系统是 Windows 7，等待时间为 30s。至此，一个完美的双系统就这样产生了。

请验证以上的系统安装方法，并把操作过程中的注意事项记录在下面的方框中：

3）请根据表 2-14 的步骤安装网卡驱动。

表 2-14

| （1）第一步，选择"我的电脑"并单击鼠标右键，在其快捷菜单中依次用鼠标左键单击"属性"→"硬件"→"＿＿＿＿"。 |  |
|---|---|
| （2）第二步，选择需要安装驱动的设备并单击鼠标右键，在其快捷菜单中选择"更新驱动程序"，出现＿＿＿＿，选择"仅这一次"并单击"下一步"按钮。 | 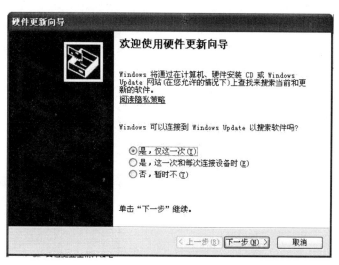 |

（续）

| | |
|---|---|
| （3）第三步，选择"＿＿＿＿＿＿"，单击"下一步"按钮。 | 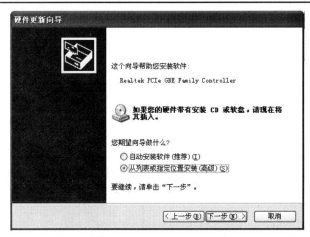 |
| （4）第四步，选择"在搜索中包括这个位置"复选框并单击"＿＿＿＿＿"按钮。 | 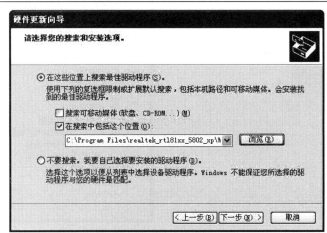 |
| （5）第五步，选择驱动所在位置并单击"确定"按钮。 |  |

（续）

| | |
|---|---|
| （6）第六步，直接单击"下一步"按钮。 | 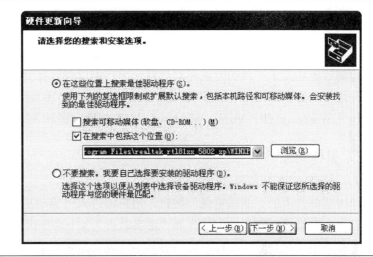 |
| （7）第七步，系统正在安装。 | 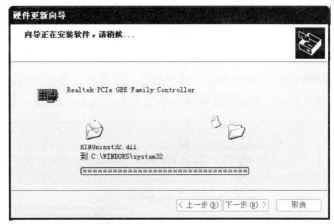 |
| （8）第八步，单击"完成"按钮，安装成功。 |  |

小词典

驱动精灵是由驱动之家研发的一款集驱动自动升级、驱动备份、驱动还原、驱动卸载、硬件检测等多功能于一体的专业驱动软件。用户可以彻底抛弃驱动光盘,把驱动的下载、安装、升级、备份全部交给驱动精灵来完成。驱动精灵 2010 均通过了 Windows 7 兼容认证,支持包含 Windows XP、Vista、Windows 7 在内的所有微软 32/64 位操作系统。

 引导问题

4)如何使用驱动精灵升级驱动程序?

单击菜单栏内的"驱动更新"按钮,用户将进入"驱动更新"主功能模块。此功能模块共包括"标准模式"、"系统组件"和"必备软件"3 个功能区域。

①标准模式更新驱动。标准模式提供的驱动为最新官方可执行文件包,驱动存放的位置为用户在安装时设定的路径。因为完整可执行驱动包的体积较大,所以驱动精灵支持断点续传功能。用户可以根据自己所需选择驱动,驱动精灵将驱动程序分为"推荐更新驱动"与"全部驱动"两个独立选项卡,两个选项的区别在于,是否列出"不需更新"的驱动程序。

驱动程序的下载状态由"未下载"、"下载中"和"下载完成"3 种标示符进行标示。当下载完成之后,"下载"按钮将自动变更为"安装"按钮,如图 2-1 所示。

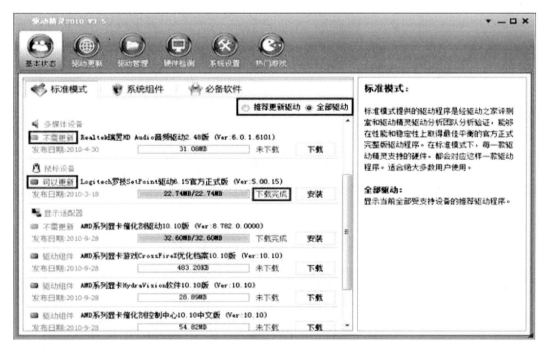

图 2-1

当用户在左侧单元对驱动进行单击选择之后，驱动精灵右侧部分将显示此对应条目的详细"驱动说明"，其中包括驱动程序的具体更新说明，驱动特性以及其他内容。此界面中的其他元素包括：驱动发布日期、驱动文件大小以及版本号等特性，如图2-2 所示。

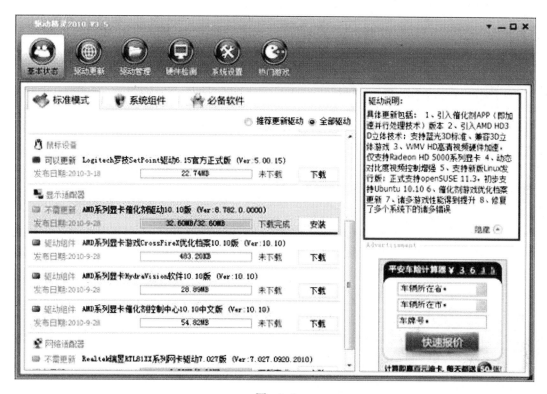

图　2-2

在软件中提示"可以更新"的驱动程序，是用户计算机中所缺少的驱动程序，用户可以通过单击"下载"按钮进行下载，当下载完毕后，单击"安装"按钮，即可进行驱动安装，如图 2-3 所示。

对照机房实际情况，我们要更新的驱动有哪些？

_____

_____

对下载完成的驱动程序，用户可以选择各种操作，单击鼠标右键，在其右键菜单中选择选项，包括：卸载、查看下载文件、查看下载路径、删除、查看属性等，如图 2-4 所示。

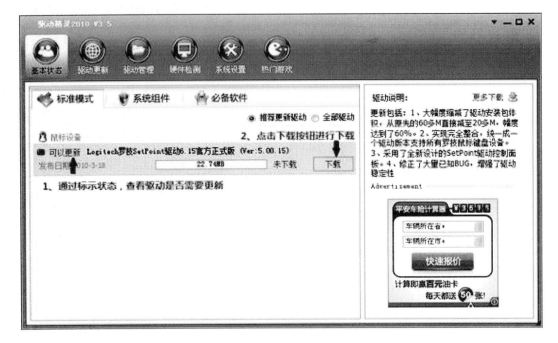

图　2-3

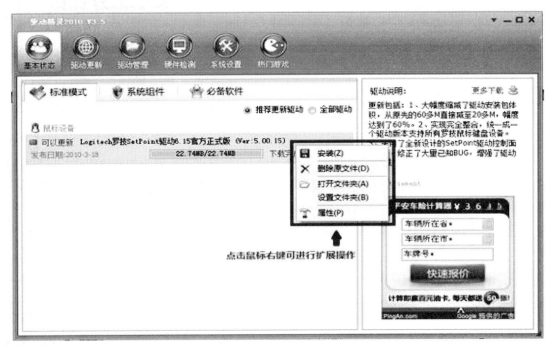

图　2-4

②安装系统组件。驱动完全更新模块中的"系统组件",是针对不同操作系统提供的,它是微软专属系统组件,方便用户使用,如图 2-5 所示。

图  2-5

学习评价

### 学习活动 4  考核评价表

| 学习活动名称： | | | 班级： | | | 姓名： | | |
|---|---|---|---|---|---|---|---|---|
| 评价项目 | 评价标准 | 评价依据（指信息、佐证） | 评价方式 | | | 权重 | 得分小计 | 总分 |
| | | | 自评 | 小组评价 | 教师评价 | | | |
| | | | 0.2 | 0.3 | 0.5 | | | |
| 职业素养 | 1. 遵守管理规定及课堂纪律<br>2. 学习积极主动、勤学好问<br>3. 团队合作精神 | 1. 考勤表<br>2. 学习态度<br>3. 小组评价意见 | | | | 0.3 | | |
| 专业能力 | 1. 能对系统分区，安装双系统和驱动<br>2. 能按需求升级机房软件<br>3. 能测试和优化系统<br>4. 对系统进行备份和网络复制 | 完成工作页情况 | | | | 0.7 | | |

教师签名：                                        日期：

注：评价分值均为百分制，小数点后保留 1 位；总分为整数。

## 学习活动 5  验收

### 学习目标

1）检验机房能否正常运作。
2）填写验收报告。
3）编写机房使用手册。

### 学习地点

互联网多媒体机房。

### 学习准备

1）学习资料：各种软件的说明书、机房使用手册等。
2）软件资源：各种系统和应用软件资源等。
3）硬件设备：多媒体计算机、备份存储器等。

### 学习过程

1）填写验收报告，见表 2-15。

# 验收报告

项目名称：＿＿＿＿＿＿＿＿＿＿＿＿＿＿＿

项目编号：**GZIT2011-XJ005542**

表 2-15

| 验收地点 | 机房 | | |
|---|---|---|---|
| 验收内容 | | | |
| 验收情况 | | | |
| | 其他： | | |
| 签证结论 | □ 通过签证 | □ 不通过签证 | |
| 参与签证人员 | | 签证日期 | 20  年  月  日 |

2）根据机房新的软件使用环境，编写机房的使用说明书和手册（主要包括该机房能够满足哪些课程要求、进行哪些教学、学生机和教师机的系统有哪些、有哪些限制、还原卡的设置情况等），方便教师使用和日后维护。

_____

_____

_____

_____

_____

_____

3）将现场物品进行分类摆放，归还剩余材料和工作设备，切断工作台电源，整理现场，使之符合生产现场管理 6S 标准。

## 学习评价

### 学习活动 5　考核评价表

评价考核分四个等级：A（100-90）、B(89-75)、C(74-60)、D(59-0)。

| 项目名称 | 评价内容 | 配分 | 评价分数 | | |
|---|---|---|---|---|---|
| | | | 自评 | 互评 | 师评 |
| 职业素养考核项目40% | 劳动保护穿戴整洁 | 6分 | | | |
| | 安全意识、责任意识、服从意识 | 6分 | | | |
| | 积极参加教学活动，按时完成学生工作页 | 10分 | | | |
| | 团队合作、与人交流能力 | 6分 | | | |
| | 劳动纪律（参照方案中的课堂教学过程管理表） | 6分 | | | |
| | 生产现场管理 6S 标准 | 6分 | | | |
| 专业能力考核项目60% | 及时、准确地查找专业知识 | 12分 | | | |
| | 操作符合规范 | 18分 | | | |
| | 操作熟练，工作效率 | 12分 | | | |
| | 成品的验收质量（参照验收标准及评分表） | 18分 | | | |
| 总　分 | | | | | |
| 总　评 | 自评(20%)+互评(20%)+师评（60%）= | 综合等级 | | 教师（签名）： | |

注：本学习活动采用的是过程化考核方式作为学生完成工作任务时的总评依据，请同学们认真对待并妥善保留存档。

# 学习任务3　计算机故障排除

1）根据老师分配的计算机故障排除任务，了解计算机故障的表现，使用专业术语对故障进行描述。

2）查阅相关的材料获取各种故障检测工具的主要功能，并确定故障原因。

3）以小组为单位制定故障排除方案，展示方案并在经济性、环保性和效率性 3 个方面作比较，最后在教师的指导下修订维修方案并通过审核。

4）独立进行计算机故障排除或设备更新维护，并能分析和解决实施过程中易出现的问题。

5）根据维修方案，选用合适的维修工具和软件对计算机进行维修，在教师指导下替换有故障的部件，做好故障记录和维修记录，排除故障后做好测试，确保计算机正常运行。

6）独立编写计算机故障排除的小结，小结中阐述故障排除的过程，该过程中出现的问题及解决方案。

7）填写维修记录与报告并交给老师确认。

维修部门接到公司财务室小陈送来的计算机设备报修单。报修单记录情况为：计算机黑屏，无法启动。部门主管将该任务交给计算机维修员小 C 处理。

小 C 接到任务后，与使用者进行沟通，了解计算机故障的表现，按照维修工作流程，使用各种工具检测系统，确定故障原因，拟定故障排除方案（可有多个备选）。在与使用者进行充分的沟通后，选定某个方案进行维修，并在现场或维修工作间进行故障排除或设备更新维护；故障排除后，填写维修记录单，交给使用者验收后签名确认报送给部门主管。

1）计算机故障的类别。

2）计算机故障的各种表现、产生原因。

3）计算机故障的检测和排除方法。

4）专用维修工具的使用方法。

5）故障验收内容。

##  学习活动 1　计算机故障的类别

### 学习目标

1）常见计算机硬件故障。
2）常见计算机软件故障。

### 学习准备

多媒体设备、工作页、相应学习材料、计算机、机箱电源、CPU、内存、硬盘、显卡、声卡、键盘、鼠标、显示器等。

### 学习地点

计算机维修工作站。

### 学习过程

👆 引导问题

1）在使用过程中会出现各种故障，这些故障现象概括起来可以分为两大类：硬件故障和软件故障。

①硬件故障是指主机和外设硬件系统使用不当或硬件物理损坏所造成的故障。试列举你见过的硬件故障，比如，内存接触不良、主板芯片损坏、系统检测不到即插即用的MO-DEMT、_____、_____、_____、_____、_____、_____等。

硬件故障又可分为真故障和假故障两种。

真故障主要是由于外界环境、用户操作不当、硬件自然老化或产品质量低劣等原因造成的。比如，电源烧毁、_____、_____、_____、_____等。

假故障一般与硬件安装、设置不当、外界环境或用户误操作等因素有关。比如主板电源没连接、显示器亮度开关置于最低、_____、_____、_____、_____等。

②软件故障是相关的设置或软件出现故障，导致不能工作。比如，鼠标被设置为左手习惯、_____、_____等。引起故障的主要原因有：
a. 系统设置不当。未安装驱动程序或驱动程序之间产生冲突。

b. 内存管理设置错误。如内存管理冲突、内存管理顺序混乱、内存不够等。

c. 病毒感染。如使屏幕显示不正常、打印机无法打印、鼠标键失灵。

d. 软件和硬件不兼容。

e. 软件安装、设置、调试、使用和维护不当。

大部分计算机外设故障都是软件故障或假故障，但软件、硬件并没有很明显的界限。很多硬件故障也是因硬件不能正常工作引起的，因此，在实际分析处理故障时一定要全面分析，不能被其表象所迷惑。

2）试判断表 3-1 中的故障是软件故障还是硬件故障，并尝试写出故障原因。

表 3-1

| 故障现象 | 故障归类 | 故障原因分析 |
| --- | --- | --- |
| 打开电源，按下开机按钮后，计算机无任何动静 | ○硬件故障<br>○软件故障 | |
| 按下开机按钮，风扇转动，但显示器无图像，计算机无法进入正常工作状态 | ○硬件故障<br>○软件故障 | |
| 开机后，显示器无图像，但机器读硬盘，通过声音判断，机器已进入操作系统 | ○硬件故障<br>○软件故障 | |
| 开机后已显示显卡和主板信息，但自检过程进行到某一硬件时停止 | ○硬件故障<br>○软件故障 | |
| 通过自检，但无法进入操作系统 | ○硬件故障<br>○软件故障 | |
| 进入操作系统后不久死机 | ○硬件故障<br>○软件故障 | |
| 开机后不能使用键盘 | ○硬件故障<br>○软件故障 | |
| 开机后屏幕无显示，主机有"嘀嘀"声响发出 | ○硬件故障<br>○软件故障 | |
| 打开电源后，能听到"嘀"的声响，显示器无显示 | ○硬件故障<br>○软件故障 | |

3）你在使用计算机过程中都遇到过什么问题？请至少写出 4 个以上，填入表 3-2 中。

表 3-2

| 故障现象 | 故障归类 | 故障原因分析 |
| --- | --- | --- |
| | ○硬件故障<br>○软件故障 | |
| | ○硬件故障<br>○软件故障 | |
| | ○硬件故障<br>○软件故障 | |
| | ○硬件故障<br>○软件故障 | |

#### 小知识

计算机常见的故障主要有软件故障和硬件故障2种。

（1）软件故障　是指安装在计算机中的操作系统或者软件发生错误而引起的故障，主要包括以下几个方面。

1）操作系统中的文件损坏引起的故障。计算机是在操作系统的平台下运行的，如果把操作系统的某个文件删除或者修改，会引起计算机运行不正常甚至无法运行。

2）驱动程序不正确引起的故障。硬件能正常运行要有相应的驱动程序与之配合，如果没有安装驱动程序或没有安装正确就会引起一系列的故障，例如，声卡不能发声，显卡不能正常显示色彩等，这些都与驱动程序有关。

3）误操作引起的故障。误操作分为执行命令误操作和软件程序误操作。执行命令误操作是指执行了不该使用的命令，例如，系统运行时必须用到的文件（如后缀为 ini 或 dll 的文件），如果删除了这些文件，就会导致系统不能正常运行；对磁盘执行了格式化操作导致磁盘内的数据丢失。执行了卸载软件的操作使系统内的软件消失等。软件误操作是指运行了某些具有破坏性的程序、不正确或不兼容的诊断程序等导致的系统工作不正常。

4）计算机病毒引起的故障。计算机病毒会在很大程度上干扰和影响计算机的使用，染上病毒的计算机其运行速度会变慢，计算机存储的数据和信息可能会遭到破坏，甚至全部丢失。

5）不正确的系统设置引起的故障。系统设置故障分为 3 种类型，即系统启动时的 CMOS 设置、系统引导实时配置程序的设置和注册表的设置。如果这些设置不正确，或者没有设置，计算机就会不工作和产生操作故障。

（2）硬件故障　是指计算机的某个部件不能正常工作所引起的计算机故障，主要包括以下几个方面。

1）电源故障。计算机电源损坏或者主板、硬盘等设备的供电线路损坏使之不能加电，导致计算机无法正常启动。

2）芯片故障。芯片的针脚损坏、接触不良，或者因温度过热而使计算机无法正常工作。

3）连线故障。连线故障是指各设备之间的数据线连接错误，或者没有连接到正确位置而引发的故障。

4）部件故障。计算机中的主要部件如 CPU、主板、显示器或磁盘驱动器等硬件产生的故障，会造成系统工作不正常甚至无法工作。

## 学习评价

### 学习活动 1　考核评价表

| 学习活动名称： | | | 班级： | | 姓名： | | | |
|---|---|---|---|---|---|---|---|---|
| 评价项目 | 评价标准 | 评价依据（指信息、佐证） | 评价方式 | | | 权重 | 得分小计 | 总分 |
| | | | 自评 | 小组评价 | 教师评价 | | | |
| | | | 0.2 | 0.3 | 0.5 | | | |
| 职业素养 | 1．遵守管理规定及课堂纪律<br>2．学习积极主动、勤学好问<br>3．团队合作精神 | 1．考勤表<br>2．学习态度<br>3．小组评价意见 | | | | 0.3 | | |
| 专业能力 | 1．能说出计算机故障的分类<br>2．通过不同途径获取计算机故障类别的信息<br>3．能对计算机故障进行分类<br>4．能辨别出硬件故障或软件故障 | 完成工作页情况 | | | | 0.7 | | |

教师签名：　　　　　　　　　　　　　　　　　　　日期：

注：评价分值均为百分制，小数点后保留 1 位；总分为整数。

## 学习活动 2　计算机故障的各种表现、产生原因

### 学习目标

1）计算机软件故障的表现。

2）计算机硬件故障的表现。

3）计算机软件故障的产生原因。

4）计算机硬件故障的产生原因。

### 学习准备

多媒体设备、工作页、相应学习材料、计算机、机箱电源、CPU、内存、硬盘、显卡、声卡、键盘、鼠标、显示器等。

### 学习地点

计算机维修工作站。

**学习过程**

**引导问题**

**1. 软件故障及其表现**

计算机网络技术的进步，使得计算机网络尤其是 Internet 的应用得到了空前的发展。计算机网络在带给人们巨大经济效益的同时，也为计算机病毒的传播提供了更加便捷的途径，使易遭受计算机病毒攻击的软件系统经常被病毒破坏，从而造成计算机系统故障。另外，使用者的不当操作也会对计算机软件系统造成非常大的影响，使软件系统无法正常工作造成计算机系统出现故障。计算机软件故障，主要分为以下几类：BIOS 故障、DOS 系统引导故障、Windows 系统故障、注册表故障。

（1）BIOS 的故障

BIOS 故障主要表现为 CMOS 电池失效，CMOS RAM 损坏，CMOS 配置错误等，试查询解释并在表 3-3 中填写因 BIOS 故障出现的开机提示。

表 3-3

| 故障提示 | 解析 |
| --- | --- |
| CMOS battery failed | |
| CMOS check sum error-Defaults loaded | |
| Display switch is set incorrectly | |
| Press ESC to skip memory test | |
| Secondary Slave hard fail | |
| Override enable-Defaults loaded | |
| Press TAB to show POST screen | |
| Resuming from disk，Press TAB to show POST screen | |
| General Failure Reading Drive A: Abort, Retry, Fail? | |
| Floppy disk(s) fail(40) | |
| Invalid media type reading drive c: Abort, Retry, Fail? | |
| Disk boot failurt,Insert system disk and press enter | |

（2）DOS 系统故障

DOS 系统是早期使用的操作系统，目前应用不多，虽然 Windows 系统也带有虚拟的 DOS 系统，两者操作大部分相同，但意义却不一样。早期 DOS 系统引导常见故障，多数是由于计算机系统被计算机病毒感染，主要表现为系统引导部分被破坏，使计算机系统无法正常启动。

（3）Windows 系统故障

Windows 系统故障主要表现为以下方面：

①经常出现蓝屏故障。

②计算机以正常模式在 Windows 启动时出现一般保护错误。

③计算机经常出现随机性死机现象。

④计算机在 Windows 启动系统时出现*.vxd 或其他文件未找到，按任意键继续的故障。

⑤在 Windows 以正常模式引导到登录对话框时，单击"取消"或"确定"按钮后桌面无任何图标，不能进行任何操作。

⑥在 Windows 下关闭计算机时计算机重新启动。

⑦Windows 中汉字丢失。

⑧在 Windows 下打印机不能打印。

⑨在 Windows 下运行应用程序时提示内存不足。

⑩在 Windows 下打印机打出的字均为乱码。

⑪在 Windows 下运行应用程序时出现非法操作的提示。

⑫拨号成功后不能打开网页。

⑬3DMAX 正常安装完成后不能启动。

⑭计算机自动重新启动。

（4）注册表故障

注册表文件损坏而不能正常启动系统或运行应用程序的情况经常出现，那么注册表损坏一般存在哪些症状呢？

①当使用过去正常工作的程序时，得到诸如"找不到*.dll"的信息，或其他表明程序部分丢失和不能定位的信息。

②应用程序出现"找不到服务器上的嵌入对象"或"找不到 OLE 控件"这样的错误提示。

③当单击某个文档时，Windows 给出"找不到应用程序打开这种类型的文档"信息，即使安装了正确的应用程序且文档的扩展名（或文件类型）正确。

④"资源管理器"页面包含没有图标的文件夹、文件或者意料之外的奇怪图标。

⑤"开始"菜单或"控制面板"项目丢失或变灰而处于不可激活状态。

⑥网络连接不能建立或不再出现在"拨号网络"中或"控制面板"的"网络"中。

⑦不久前工作正常的硬件设备不再起作用或不再出现在"设备管理器"的列表中。

⑧Windows 系统根本不能启动，或仅能以安全模式或 MS-DOS 模式启动。

⑨Windows 系统显示"注册表损坏"的信息。

⑩启动时，系统调用注册表扫描工具对注册表文件进行检查，然后提示当前注册表已损坏，将用注册表的备份文件进行修复，并要求重新启动系统。而上述过程往往要重复数次才能进入系统。

总之，软件故障多表现为用户操作不当引起的误操作，或因病毒破坏系统文件导致的故障，一般该类故障在重装系统后即可解决。

### 小知识

硬件故障及其表现。

在实际工作中，计算机有许多故障非常不容易处理。这类故障不容易彻底排查，经常反复出现。例如，有时在对相关部件进行检测时并不能发现问题，测试其性能全部都正常，但是安装在一起使用时就经常出现问题。硬件故障现象比较复杂，大多数的现象是：

①开机黑屏。

②开机后计算机一直报警。

③开机电源无反应。

④偶尔开机后虽然主机正常启动，但是显示器没有图像显示。

⑤偶尔开机花屏，进入桌面后消失或者是启动后正常，使用一段时间后出现花屏。

⑥频繁间断性地开机后显卡驱动程序丢失，进入桌面后只能显示 640×480，16 色模式，必须重装显卡驱动。

⑦在工作过程中因显示大型复杂的 3D 游戏时突然死机或黑屏。

⑧无规律硬盘数据或部分文件丢失。

⑨偶尔开机找不到硬盘。

⑩CRT 显示器边角不齐，部分区域字迹模糊，偶尔出现黑屏或变色，局部出现色斑或偏色。

⑪打印机无法打印，系统提示找不到打印机。

⑫计算机启动都正常，但是使用一段时间后容易死机或硬盘出现坏道，内存经常报警之类的问题。

总之，硬件故障多表现为因硬件本身出现质量或兼容性而导致的问题，该类故障一般需要进行硬件的维修或直接更换来排除。

2．在表 3-4 中列举使用计算机过程中遇到的软件故障（至少写出 5 条）

表 3-4

| 因软件产生的故障 |
| --- |
|  |
|  |
|  |
|  |
|  |

3. 在表 3-5 中列举使用计算机过程中遇到的硬件故障（至少写出 5 条）

表 3-5

| 因硬件产生的故障 |
| --- |
|  |
|  |
|  |
|  |
|  |

## 学习评价

### 学习活动 2 考核评价表

学习活动名称：　　　　　　　　　　班级：　　　　　　　　姓名：

| 评价项目 | 评价标准 | 评价依据（指信息、佐证） | 评价方式 | | | 权重 | 得分小计 | 总分 |
| --- | --- | --- | --- | --- | --- | --- | --- | --- |
|  |  |  | 自评 | 小组评价 | 教师评价 |  |  |  |
|  |  |  | 0.2 | 0.3 | 0.5 |  |  |  |
| 职业素养 | 1. 遵守管理规定及课堂纪律<br>2. 学习积极主动、勤学好问<br>3. 团队合作精神 | 1. 考勤表<br>2. 学习态度<br>3. 小组评价意见 |  |  |  | 0.3 |  |  |
| 专业能力 | 1. 能说出计算机软件故障的产生原因<br>2. 能说出计算机硬件故障的产生原因<br>3. 能对计算机软硬件故障归类<br>4. 能分析软硬件故障 | 完成工作页情况 |  |  |  | 0.7 |  |  |

教师签名：　　　　　　　　　　　　　　　　　日期：

注：评价分值均为百分制，小数点后保留 1 位；总分为整数。

## 学习活动 3　计算机故障的检测和排除方法

### 学习目标

1）硬件故障检测方法。
2）软件故障检测方法。
3）硬件故障排除方法。
4）软件故障排除方法。

### 学习准备

多媒体设备、工作页、相应学习材料、计算机、机箱电源、CPU、内存、硬盘、显卡、声卡、键盘、鼠标、显示器等。

### 学习地点

计算机维修工作站。

### 学习过程

 引导问题

1．计算机硬件故障的检测方法

（1）观察法

观察法是其贯穿于整个维修过程中检测计算机硬件的方法，观察需要认真、全面，通过看＿＿＿＿＿＿、听＿＿＿＿＿＿、闻＿＿＿＿＿＿和感＿＿＿＿＿＿来进行判断。

（2）插拔法

拔插法主要适用于不容易判断的计算机故障。该方法对于检测＿＿＿＿＿、板卡与插槽存在的某些＿＿＿＿＿＿的现象非常有效。

（3）硬件最小系统法

硬件最小系统法主要由＿＿＿＿＿、＿＿＿＿＿和＿＿＿＿＿组成。在这个系统中，没有任何信号线的连接，只有电源到主板的电源连接。在判断过程中是通过＿＿＿＿＿来判断这一核心组成部分是否可正常工作。

（4）软件最小系统法

软件最小系统法主要由电源、主板、CPU、内存、显卡、＿＿＿＿＿、键盘和＿＿＿＿＿组

161

成。主要用来判断系统是否可以完成正常的_____。

（5）逐步添加、去除法

逐步添加、去除法是在最小系统的基础上，每次只向系统添加一个设备或软件，以此检查故障现象是否_____，从而判断并定位故障部位。逐步去除法，正好与逐步添加法的操作相反。

（6）程序测试法

程序测试法的原理就是利用软件发送数据、命令，通过读线路状态及某个芯片状态来识别_____。使用这种诊断方法，需要具备熟练的_____，以及要熟悉各种诊断软件。

（7）替换法

替换法是用_____去代替_____的部件，以判断故障现象是否消失的一种维修方法。好的部件可以是同型号的，也可能是不同型号的，如果替换后，计算机故障_____，则说明被替换的部件就是导致计算机发生故障的原因所在。

（8）比较法

比较法是用好的部件与_____的部件进行各方面的比较，也可以在两台计算机间进行比较，最好是同型号的，存在差异的部位就是_____。

（9）清洁法

机器内沉积的灰尘很可能引起某些计算机硬件故障，这就需要在维修过程中，对计算机内外部_____进行灰尘的清除。

（10）安全模式法

以安全模式启动计算机，Windows 仅加载_____。在该模式下可以对可能造成计算机无法正常启动的程序、服务或设备驱动程序进行_____操作，还可以删除任何_____，然后重新启动计算机，查看问题是否已得到解决。

（11）敲击法

计算机在运行中时好时坏，可能是_____或_____或_____等原因造成的。对于这种情况，可以用敲击法进行检查。

小知识

电脑软件故障的检测方法。

软件故障的整个排除流程可归纳为如图 3-1 所示。

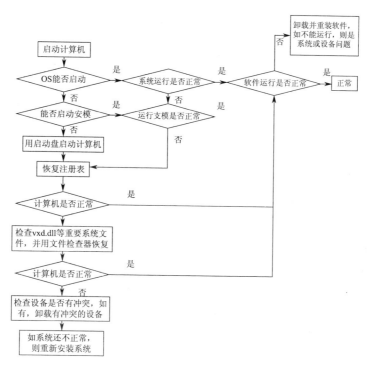

图　3-1

## 2. 硬件故障排除方法

### 主板

主板是整个计算机的关键部件，具有至关重要的作用。如果主板产生故障将会影响到整个计算机系统的工作。

下面来看看主板在使用过程中出现的最常见的故障及其排除方法。

常见故障1：开机无显示

计算机开机无显示，首先要检查的就是_____。主板的 BIOS 中储存着重要的_____，同时 BIOS 也是主板中比较脆弱的部分，极易受到破坏，一旦受损就会导致系统无法运行，出现此类故障一般是因为主板 BIOS 被 CIH 病毒破坏造成的（当然也不排除主板本身故障导致系统无法运行）。一般 BIOS 被病毒破坏后硬盘里的数据将全部丢失，所以我们可以通过检测_____是否完好来判断 BIOS 是否被破坏，如果硬盘数据完好无损，那么还有 3 种原因会造成开机无显示的现象：

1）因为主板扩展槽或扩展卡有问题，导致插上诸如声卡等扩展卡后主板没有响应而无显示。

2）免跳线主板在 CMOS 里设置的_____频率不对，也会引发不显示故障，对此，只要清除 CMOS 数据即可解决。清除 CMOS 的跳线一般在主板的锂电池附近，其默认位置一般为1、2短路，只要将其改为2、3短路，几秒种后即可解决问题，对于以前的老主板若用户找不到该跳线，只要将_____取下，待开机显示进入 CMOS 设置后再关机，将电池安装上去也可达到 CMOS 放电的目的。

3）主板无法识别内存、内存损坏或者内存不匹配也会导致开机无显示的故障。某些老的主板比较挑剔内存，一旦插上主板无法识别的内存， 主板就无法启动，甚至某些主板不给你任何故障提示（鸣叫）。当然有时也会出现为了扩充内存以提高系统性能，结果插上不同品牌、类型的内存同样会导致此类故障的问题，因此在检修时，应多加注意。

对于主板 BIOS 被破坏的故障，我们可以插上 ISA 显卡看有无显示（如有提示，可按提示步骤操作），倘若没有开机画面 ，可以自己做一张自动更新 BIOS 的软盘，重新刷新 BIOS，但有的主板 BIOS 被破坏后，软驱根本就不工作，此时，可尝试用热插拔法加以解决。但采用热插拔除需要相同的 BIOS 外 还可能会导致主板部分元件损坏，所以可靠的方法是用将 BIOS 更新文件写入 BIOS 里面（可找有此服务的计算机商解决比较安全）。

常见故障 2：CMOS 设置不能保存。

此类故障一般是由于主板_____不足造成，对此予以更换即可，但有的主板电池更换后同样不能解决问题，此时有两种可能：

1）主板电路问题，对此要找专业人员维修。

2）主板 CMOS 跳线问题，有时候因为错误地将主板上的 CMOS 跳线设置为_____选项，或者设置成_____， 使 CMOS 数据无法保存。

常见故障 3：在 Windows 下安装主板驱动程序后出现死机或光驱读盘速度变慢的现象。

在一些杂牌主板上有时会出现此类现象，将主板驱动程序安装完后，重新启动计算机不能以正常模式进入 Windows 桌面，而且该驱动程序在 Windows 下不能被卸载。如果出现这种情况， 建议找到最新的驱动重新安装，问题一般都能够解决，如果实在不行， 就只能_____。

常见故障 4：安装 Windows 或启动 Windows 时鼠标不可用。

出现此类故障的软件原因一般是由于_____设置错误引起的。在 CMOS 设置的电源管理栏有一项 modem use IRQ 项目，它的选项分别为 3、4、5……、NA，一般它的默认选项为_____， 将其设置为 3 以外数据的中断项即可。

常见故障 5：计算机频繁死机，在进行 CMOS 设置时也会出现死机现象。

在 CMOS 里发生死机现象，一般为_____或_____有问题。若不能解决故障，那就只有更换主板或 CPU 了。

出现此类故障一般是由于主板_____有问题或主板设计_____引起的，某用户在 815EP 主板上就曾发现因主板散热不够好而导致该故障的现象。在死机后触摸 CPU 周围主板元件，发现其温度非常烫手。在更换大功率风扇之后，死机故障得以解决。对于 Cache 出现问题的故障，我们可以进入 CMOS 设置，将 Cache 禁止后即可顺利解决问题，当然，Cache 禁止后_____肯定会受到有影响 。

常见故障 6：主板 COM 口或并行口、IDE 口失灵。

出现此类故障一般是由于用户_____插拔相关硬件造成的，此时用户可以用多功能卡代替，但在代替之前必须先禁止主板上自带的_____与_____（有的主板连IDE口都要禁止才能正常使用）。

**硬盘**

常见故障1：系统不认硬盘。

系统从硬盘无法启动，从A盘启动也无法进入C盘，使用CMOS中的自动监测功能也无法发现硬盘的存在。这种故障大多出现在_____或_____端口上，硬盘本身故障的可能性不大，可通过重新插接硬盘电缆或者改换IDE口及电缆等进行替换试验，就会很快发现故障的所在。如果新接上的硬盘也不被接受，一个常见的原因就是硬盘上的_____，如果一条IDE硬盘线上连接两个硬盘设备，就要分清楚_____。

常见故障2：硬盘无法读写或不能辨认。

这种故障一般是由于_____设置故障引起的。CMOS中的硬盘类型正确与否直接影响硬盘的正常使用。现在的机器都支持"_____"的功能，可自动检测硬盘的类型。当硬盘类型错误时，有时干脆无法启动系统，有时能够启动，但会发生读写错误。比如CMOS中的硬盘类型小于实际的硬盘容量，则硬盘后面的扇区将无法读写，如果是多分区状态则个别分区将丢失。还有一个重要的故障原因，由于目前的IDE都支持逻辑参数类型，硬盘可采用Normal，LBA，Large等，如果在一般的模式下安装了数据，而又在CMOS中改为其他的模式，则会发生硬盘的读写错误故障，因为其映射关系已经改变，将无法读取原来的正确硬盘位置。

常见故障3：系统无法启动。

造成这种故障通常是基于以下4种原因：

1）主引导程序损坏。

2）分区表损坏。

3）分区有效位错误。

4）DOS引导文件损坏。

其中，解决DOS引导文件损坏的故障最简单，用启动盘引导后，向系统传输一个_____就可以了。主引导程序损坏和分区有效位损坏一般也可以用_____强制覆写来解决。分区表损坏就比较麻烦了，因为无法识别分区，系统会把硬盘作为一个未分区的裸盘处理，因此造成一些软件无法工作。不过有个简单的方法——使用Windows 2000。在装有Windows 2000的系统中，把受损的硬盘挂上去，开机后，由于Windows 2000为了保证系统硬件的稳定性会对新接上去的硬盘进行_____。Windows 2000的硬盘扫描程序_____对于因各种原因损坏的硬盘都有很好的修复能力，扫描完了基本上也就修复了硬盘。

分区表损坏还有一种形式，称之为"分区映射"，具体的表现是出现一个和活动分区一样的分区。它同样包括文件结构、内容、分区容量。假如在任意区对分区内容作了变动，都会在另一处体现出来，好像是映射的影子一样。这种问题不影响使用，不修复的话也不会有事，但要修复时，NORTON 的 DISKDOCTOR 和 PQMAGIC 都无法修复。对付这种问题，只有 GHOST 覆盖和用 NORTON 的拯救盘恢复_____。

常见故障4：硬盘出现坏道。

当用 Windows 系统自带的磁盘扫描程序_____扫描硬盘的时候，系统提示说硬盘可能有坏道，随后闪过一片蓝色，一个个小黄方块慢慢地伸展开，然后，在某个方块上被标上一个"B"……

其实，这些坏道大多是逻辑坏道，是可以修复的。根本用不着送修。

一旦用"SCANDISK"扫描硬盘时如果程序提示有了坏道，首先应该重新使用各品牌硬盘自己的自检程序进行完全扫描。注意，别选快速扫描，因为它只能查出大约90%的问题。

如果检查的结果是"成功修复"，那可以确定是_____；假如不是，那就没有什么修复的可能了，如果你的硬盘还在保质期，那就赶快拿去更换吧。

常见故障5：硬盘容量与标称值明显不符。

一般来说，硬盘格式化后容量会_____标称值，但此差距绝不会超过 20%，如果两者差距很大，则应该在开机时进入_____设置。在其中可根据硬盘作合理设置。如果还不行，则说明可能是你的_____不支持大容量硬盘，此时可以尝试下载最新的主板 BIOS 并进行刷新来解决。此故障多在大容量硬盘与较老的主板搭配时出现。另外，由于突然断电等原因使 BIOS 设置产生混乱也可能导致这种故障的发生。

常见故障6：无论使用什么设备都不能正常引导系统。

这种故障一般是由于硬盘被病毒的"逻辑锁"锁住造成的，"硬盘逻辑锁"是一种很常见的恶作剧手段。中了逻辑锁之后，无论使用什么设备都不能正常引导系统，甚至是软盘、光驱、挂双硬盘都一样没有任何作用。

"逻辑锁"的上锁原理：计算机在引导 DOS 系统时将会搜索所有逻辑盘的顺序，当 DOS 被引导时，首先要去找主引导扇区的_____，然后查找各扩展分区的逻辑盘。"逻辑锁"修改了正常的主引导分区记录，将扩展分区的第一个逻辑盘指向自己，使得 DOS 在启动时查找到第一个逻辑盘后，查找下个逻辑盘时总是找到自己，这样一来就形成了死循环。

给"逻辑锁"解锁比较容易的方法是"热拔插"硬盘电源。就是在当系统启动时，先不给被锁的硬盘加电，启动完成后再给硬盘"热插"上电源线，这样系统就可以正常控制硬盘了。但这是一种非常危险的方法，为了降低危险程度，碰到"逻辑锁"后，大家最好依照下面几种比较简单和安全的方法进行处理。

1）首先准备一张启动盘，然后在其他正常的机器上使用二进制编辑工具（推荐 UltraEdit）修改软盘上的 IO.SYS 文件（修改前记住先将该文件的属性改为正常），具体是在这个文件里面搜索第一个"55AA"字符串，找到以后修改为任何其他数值即可。用这张修改过的系统软盘就可以顺利地带着被锁的硬盘启动了。不过这时由于该硬盘正常的分区表已经被破坏，所以无法用"Fdisk"来删除和修改分区，此时可以用 Diskman 等软件恢复或重建分区即可。

2）因为 DM 是不依赖于主板_____来识别硬盘的硬盘工具，就算在主板 BIOS 中将硬盘设为"NONE"，DM 也可识别硬盘并进行_____和_____等操作，所以我们也可以利用 DM 软件为硬盘解锁。

首先将 DM 复制到一张系统盘上，接上被锁硬盘后开机，按<Del>键进入 BIOS 设置，将所有 IDE 接口设为"NONE"并保存后退出，然后用软盘启动系统，系统即可"带锁"启动，因为此时系统根本就等于没有硬盘。启动后运行 DM，会发现 DM 可以识别出硬盘，选中该硬盘进行分区格式化即可。这种方法简单方便，但是有一个致命的缺点，就是不能保存住硬盘上的数据。

常见故障 7：硬盘不能 FORMAT。

计算机中装过 Windows 优化大师后，为了防止病毒 format 硬盘，所以改了几个系统文件的后缀名。只要把它们改回来就可以了。将 Windows 目录下 Command 子目录下面的 Format.wom 文件改为_____；Deltree.wom 文件改为_____即可恢复。

常见故障 8：启动故障。

在计算机的使用过程中，我们都会遇到计算机无法启动的问题。引起系统启动故障的原因有很多种，其中很多都与_____有关。一般情况下，当硬盘出现故障的时候，BIOS 会给出一些英文提示信息。由于不同厂家主板或不同版本的 BIOS，其给出的提示信息可能会存在一些差异，但基本上都是大同小异的。下面就以使用较为常见的 Award BIOS 为例，探讨一下如何利用其给出的提示信息，判断并处理硬盘不能启动故障的方法。

1）Hard disk controller failure（_____）。这是最为常见的错误提示之一，当出现这种情况的时候，应仔细检查数据线的连接插头是否存在着松动、连线是否正确或者是硬盘参数设置是否正确。

2）Date error（_____）。发生这种情况时，系统从硬盘上读取的数据存在不可修复性错误或者磁盘上存在坏扇区。此时可以尝试启动磁盘扫描程序，扫描并纠正扇区的逻辑性错误，假如坏扇区出现的是物理坏道，则需要使用专门的工具尝试修复。

3）No boot sector on hard disk drive（_____）。这种情况可能是硬盘上的引导扇区被破坏，一般是因为硬盘系统引导区已感染了病毒。遇到这种情况必须先用最新版本的杀毒软件彻底查杀系统中存在的病毒，然后，用诸如 KV3000 等带有引导扇区恢复功能的软件，尝试恢复引导记录。如果使用 Windows XP 系统，可启动"故障恢复控制台"并调用 FIXMBR 命令来恢复主引导扇区。

4）Reset Failed（_____）、Fatal Error Bad Hard Disk（_____）、DD No Detected（_____）和 HDD Control Error（_____）。当出现以上任意一个提示时，一般都是硬盘控制电路板、主板上硬盘接口电路或者是盘体内部的机械部位出现了故障，对于这种情况只能请专业人员检修相应的控制电路或直接更换硬盘。

5）开机后屏幕显示："Non-System disk or disk error, Replace and strike any key when ready\"，说明_____不能启动，用软盘启动后，在 A:\\>后输入 C:，屏幕显示："Invalid drive specification\"，系统不认硬盘。造成该故障的原因一般是 CMOS 中的丢失或_____设置错误造成的。进入 CMOS，检查硬盘设置参数是否丢失或硬盘类型设置是否错误，如果是该种故障，只需将硬盘设置参数恢复或修改过来即可，如果忘了硬盘参数不会修改，也可用备份过的 CMOS 信息进行恢复，如果没有备份 CMOS 信息，也别急，有些高档计算机的 CMOS 设置中有"HDDAUTODETECTION\"(硬盘自动检测)选项，可自动检测出硬盘类型参数。若无此项，只好打开机箱，查看硬盘表面标签上的硬盘参数，照此修改即可。

6）开机后，"WAIT\"提示停留很长时间，最后出现"HDD Controller Failure\"。

造成该故障的原因一般是硬盘线接口接触不良或接线错误。先检查硬盘电源线与硬盘的连接，再检查硬盘数据信号线与多功能卡或硬盘的连接，如果连接松动或连线接反都会有上述提示，最好是能找一台型号相同且使用正常的计算机，可以对比线缆的连接，若线缆接反则一目了然。

7）开机后，屏幕上显示："Invalid partition table\"，硬盘不能启动，若从软盘启动则认 C 盘。

造成该故障的原因一般是硬盘主引导记录中的分区表有错误，当指定了多个自举分区(只能有一个自举分区)或病毒占用了分区表时，将有上述提示。主引导记录(MBR)位于_____，由 FDISK.EXE 对硬盘分区时生成。MBR 包括主引导程序、分区表和结束标志 55AAH 3 个部分，共占一个扇区。主引导程序中含有检查硬盘分区表的程序代码和出错信息、出错处理等内容。当硬盘启动时，主引导程序将检查分区表中的自举标志。若某个分区为可自举分区，则有分区标志_____，否则为_____，系统规定只能有一个分区为自举分区，若分区表中含有多个自举标志时，主引导程序会给出"Invalid partition table\"的错误提示。最简单的解决方法是用 NDD 修复，它将检查分区表中的错误，若发现错误，将会询问你是否愿意修改，你只要不断地回答 YES 即可修正错误，或者用备份过的分区表覆盖它也行(KV300，NU8.0 中的 RESCUE 都具有备份与恢复分区表的功能)。如果是病毒感染了分区表，格式化是解决不了问题的，可先用杀毒软件杀毒，再用 NDD 进行修复。如果上述方法都不能解决，就要先用 FDISK 重新分区，但分区大小必须和原来的分区一样，这一点尤为重要，分区后不要进行高级格式化，然后用 NDD 进行修复。修复后的硬盘不但能启动，而且硬盘上的信息也不会丢失。其实用 FDISK 分区，相当于用正确的分区表覆盖原来的分区表。尤其当用软盘启动后不认硬盘时，这种方法特灵。

8）开机后自检完毕，从硬盘启动时死机或者屏幕上显示："No ROM Basic，System Halted\"。

造成该故障的原因一般是引导程序损坏或被病毒感染，或是分区表中无自举标志，或是结束标志 55AAH 被改写。从软盘启动，执行命令"FDISK/MBR\"即可。FDISK 中包含有主引导程序代码和结束标志 55AAH，用上述命令可使 FDISK 中正确的主引导程序和结束标志覆盖硬盘上的主引导程序，这一方法对于修复主引导程序和结束标志 55AAH 损坏既快又灵。对于分区表中无自举标志的故障，可用 NDD 迅速恢复。

9）开机后屏幕上出现"Error loading operating system\"或"Missing operating system\"的提示信息。

造成该故障的原因一般是 DOS 引导记录出现错误。DOS 引导记录位于逻辑_____，是由高级格式化命令_____生成的。主引导程序在检查分区表正确之后，根据分区表中指出的 DOS 分区的起始地址，读 DOS 引导记录，若连续读五次都失败，则给出"Error loading operating system\"的错误提示，若能正确读出 DOS 引导记录，主引导程序则会将 DOS 引导记录送入内存 0:7C00h 处，然后检查 DOS 引导记录的最后两个字节是否为 55AAH，若不是这两个字节，则给出"Missing operation system\"的提示。一般情况下用 NDD 修复即可。若不成功，只好用 format C:/S 命令重写 DOS 引导记录，也许你会认为格式化后 C 盘数据将丢失，其实不必担心，数据仍然保存在硬盘上，格式化 C 盘后可用 NU8.0 中的 UNformat 恢复。如果曾经用 DOS 命令中的 MIRROR 或 NU8.0 中的 IMAGE 程序给硬盘建立过 IMAGE 镜像文件，硬盘可完全恢复，否则硬盘根目录下的文件全部丢失，根目录下的第一级子目录名被更名为 DIR0、DIR1、DIR2……，但一级子目录下的文件及其下级子目录完好无损，至于根目录下丢失的文件，可以用 NU8.0 中的 UNERASE 再去恢复即可。

**CRT 显示器**

常见故障 1：计算机刚开机时显示器的画面抖动得很厉害，有时甚至连图标和文字也看不清楚，但过一二分钟之后就会恢复正常。

这种现象多发生在潮湿的天气，是显示器内部_____的缘故。要彻底解决此问题，可使用食品包装中的防潮砂用棉线串起来，然后打开显示器的后盖，将防潮砂挂于显像管管颈尾部靠近管座附近。这样，即使是在潮湿的天气里，也不会再出现此类问题。

常见故障 2：计算机开机后，显示器只闻其声不见其画，漆黑一片。要等上几十分钟以后才能出现画面。

这是显像管座_____所致，须更换管座。拆开后盖可以看到显像管尾的一块小电路板，管座就焊在电路板上。小心拔下这块电路板，再焊下管座，到商店买回一个同样的管座，然后将管座焊回到电路板上。这时不要急于将电路板装回去，要先找一小块砂纸，很小心地将显像管尾后凸出的管脚用砂纸擦拭干净。特别是要注意管脚上的，如果擦得不干净很快就会旧病复发。最后将电路板装回去即可。

常见故障 3：显示器屏幕上总有挥之不去的干扰杂波或线条，而且音箱中也有令人讨厌的杂音。

如果未过保修期，可找相关部门去更换。如果已过了保修期，则先更换一个+300V 的_____，也可以试着自己更换电源内滤波电容，这往往都能奏效；如果效果不太明显，可以将开关管一起换下来。如果无效就要交付专业维修部门了。出现上述故障现象还有一种可能性，就是显卡的质量有问题，可以试着更换显卡。

常见故障 4：显示器花屏。

这类问题大多是由显卡引起的。如果是新换的显卡，则可能是卡的 _____ 或 _____，再有就是还没有安装正确的 _____。如果是旧卡而增加了显存的话，则有可能是新加进的显存和原来的显存型号参数 _____ 所致。

常见故障 5：显示器黑屏。

如果是显卡损坏或显示器断线等原因造成没有信号传送到显示器，则显示器的 _____ 会不停地闪烁提示没有接收到信号。要是将 _____ 设得太高，超过显示器的 _____ 分辨率也会出现黑屏，重者销毁显示器，但现在的显示器都有保护功能，当分辨率超出设定值时会自动保护。另外，硬件冲突也会引起黑屏。

有时由于主机的原因也会造成黑屏现象，但无论怎么拍打彩显机壳也不会有好转，所以有条件的话可将显示器接到另一台确定无故障主机上试试看。另外，目前有很多显示器在拔掉连在显卡上的信号线后就会出现自检显示功能，如果显示正常就说明显示器基本无故障，故障点在信号线或显卡上，这样就能更方便地找到故障点了。

常见故障 6：图像扭曲变形。

这类常见故障点通常是行或场效应管的某校正电路出现了问题（比如 S 校正电容等），由于维修起来要有一定的专业知识，所以建议交给家电维修部门进行维修。当然，如果故障是在对显示器进行了操作后出现的话，那么可先参照说明书进行一些调试校正工作，只要详细看过说明书通常都能搞定。

常见故障 7：系统无法识别显示器。

其常见的故障原因有：①显示器出了硬件故障或某元件性能不良所致；②显卡出了硬件故障或显卡驱动程序损坏所致；③显示器和显卡相连的数据线出现了问题；④VGA 插座出现了问题；⑤未安装显示器厂家的专用显示器驱动程序所致。

常见故障 8：屏幕闪烁故障。

如果把显示器的 _____ 和 _____ 设置得偏高或过低，也可能造成此类故障，所以可以把分辨率和刷新率设置成中间值（注：长期工作于 _____ 状态会使某些元件 _____ 而出现此故障，而且故障点比较难找）。还有就是显卡或显示器的驱动程序存在 BUG，所以要先更新一下 _____。如果以上处理均无效，可重点检查高压包产生的加速极电压和高压是否正常，因为有时这两个电压异常也会导致此类现象。

有时一些带 _____ 物品（如一些低档电源盒或 ADSL 外接电源等）放在显示器附近会造成屏幕的某一个角闪烁，所以遇到此现象要先试着清除显示器周围的物品，通常问题都能得到解决。

### 显卡

常见故障 1：开机无显示。

此类故障一般是因为显卡与主板接触不良或主板插槽有问题造成的。对于一些集成显卡的主板，如果显存共用主内存，则需要注意内存条的位置，一般在第一个内存条插槽上应插有内存条。由于显卡原因造成的开机无显示故障，开机后一般会发出_____的蜂鸣声（对于 AWARD BIOS 显卡而言）。

常见故障2：显示花屏，看不清字迹。

此类故障一般是由于显示器或显卡不支持_____而造成的。花屏时可切换启动模式到_____，然后再在 Windows 下进入显示设置，在 16 色状态下单击"应用"、"确定"按钮。重新启动后，在 Windows 系统正常模式下删除显卡驱动程序，重新启动计算机即可。

常见故障3：颜色显示不正常，此类故障一般有以下原因。

1）显卡与显示器信号线接触不良。

2）显示器自身故障。

3）在某些软件里运行时颜色不正常，一般常见于老式计算机。在 BIOS 里有一项校验颜色的选项，将其开启即可。

4）显卡损坏。

5）显示器被磁化，此类现象一般是由于与有磁性的物体过分接近所致，磁化后还可能会引起显示画面出现偏转的现象。

常见故障4：死机。

出现此类故障一般多见于_____与显卡的不兼容或主板与显卡_____；显卡与其他扩展卡不兼容也会造成死机。

常见故障5：屏幕出现异常杂点或图案。

此类故障一般是由于显卡的显存出现问题或显卡与主板接触不良造成的。需清洁显卡_____部位或更换显卡。

常见故障6：显卡驱动程序丢失。

1）在机器启动的时候，按<Del>键进入 BIOS 设置，找到"Chipset Features Setup"选项，将里面的"Assign IRQ To VGA"设置为"_____"，然后保存退出。许多显卡，特别是 Matrox 的显卡，当此项设置为"Disable"时一般都无法正确安装其驱动。另外，对于 ATI 显卡，要先将显卡设置为标准_____显卡后再安装附带驱动。

2）在安装好操作系统以后，一定要安装主板芯片组补丁程序，特别是对于采用 VIA 芯片组的主板而言，一定要记住安装主板最新的 4IN1 补丁程序。

**液晶显示器常见故障**

1）出现水波纹和花屏问题首先要做的事情就是仔细检查计算机周边是否存在_____源，然后更换一块显卡，或将显示器接到另一台计算机上，确认显卡本身没有问题，再调整一下刷新频率。如果排除以上原因，很可能就是该液晶显示器的质量问题了，比如存在热稳定性不好的问题。出现水波纹是液晶显示器比较常见的质量问题，自己无法解决，建议尽快更换或送修。有些液晶显示器在启动时会出现花屏问题，给人的感觉就好像有高频电磁干扰一样，屏幕上的字迹非常模糊且呈锯齿状。这种现象一般是由于显卡上没有数字接口，而通过内部的＿＿＿＿＿＿＿转换电路与显卡的 VGA 接口相连接。这种连接形式虽然解决了信号匹配的问题，但它又带来了容易受到干扰而出现失真的问题。究其原因，主要是因为液晶显示器本身的时钟频率很难与输入模拟信号的时钟频率保持百分之百的同步，特别是在模拟同步信号频率不断变化的时候，如果此时液晶显示器的同步电路，或者是与显卡同步信号连接的传输线路出现了短路、接触不良等问题，而不能及时调整跟进以保持必要的同步关系，就会出现花屏的问题。

2）显示分辨率设定不当。由于液晶显示器的显示原理与 CRT 显示器完全不同，它是属于一种直接的像素一一对应显示方式。工作在最佳分辨率下的液晶显示器把显卡输出的模拟显示信号通过处理，转换成带具体地址信息（该像素在屏幕上的绝对地址）的显示信号，然后再送入液晶板，直接把显示信号加到相对应的像素上的驱动管上，有些跟内存的寻址和写入类似。所以液晶显示器的屏幕分辨率不能随意设定，而传统的 CRT 显示器对于所支持的分辨率较有弹性。LCD 只能支持所谓的"真实分辨率"，而且只有在真实分辨率下，才能显现最佳影像。当设置为真实分辨率以外的分辨率时，一般通过扩大或缩小屏幕显示范围，显示效果保持不变，超过部分则黑屏处理。比如液晶显示器工作在低分辨率下 800×600 的时候，如果显示器仍然采用像素一一对应的显示方式，那就只能把画面缩小居中利用屏幕中心的那个 800×600 像素来显示，虽然画面仍然清晰，但是显示区域太小，不仅在感觉上不太舒服而且对于价格昂贵的液晶显示板也是一种极大的浪费。另外也可使用插值等方法，无论在什么分辨率下仍保持全屏显示，但这时显示效果就会大打折扣。此外液晶显示器的刷新率设置与画面质量也有一定的关系。可根据自己的实际情况设置合适的刷新率，一般情况下还是设置为 60Hz 最好。

**鼠标**

鼠标的故障分析与维修比较简单，大部分故障为接口或按键接触不良、断线、机械定位系统脏污。少数故障为鼠标内部元器件或电路虚焊，这主要存在于某些劣质产品中，其中尤以发光二极管、IC 电路损坏居多。

常见故障 1：找不到鼠标。

1）鼠标彻底损坏，需要更换新鼠标。

2）鼠标与主机连接串口或 PS/2 口接触不良，仔细接好线后，重新启动即可。

3）主板上的串口或 PS/2 口损坏，这种情况很少见，如果是这种情况，只好去更换一个主板或使用多功能卡上的串口。

4）鼠标线路接触不良，这种情况是最常见的。接触不良的点多在鼠标内部的电线与电路板的连接处。故障只要不是在 PS/2 接头处，一般维修起来不难。通常是由于线路比较短，或比较杂乱而导致鼠标线被用力拉扯的原因，解决方法是将鼠标打开，再使用电烙铁将焊点焊好。还有一种情况就是鼠标线内部接触不良，是由于时间长而造成老化引起的，这种故障通常难以查找，更换鼠标是最快的解决方法。

常见故障 2：鼠标能显示，但无法移动，鼠标的灵活性下降，鼠标指针不像以前那样随心所欲，而是反应迟钝，定位不准确，或干脆不能移动了。

这种情况主要是因为鼠标里的机械定位_____上积聚了过多污垢而导致传动失灵，造成滚动不灵活。维修的重点放在鼠标内部的_____轴和_____轴的传动机构上。解决方法是，打开胶球锁片，将鼠标滚动球卸下来，用干净的布蘸上中性洗涤剂对胶球进行清洗，摩擦轴等可采用酒精进行擦洗。最好在轴心处滴上几滴缝纫机油，但一定要仔细，不要流到摩擦面和码盘栅缝上。将一切污垢清除后，鼠标的灵活性恢复如初。

常见故障 3：鼠标按键失灵。

1）鼠标按键无动作，这可能是因为鼠标按键和电路板上的微动开关距离太远或点击开关经过一段时间的使用而反弹能力_____。拆开鼠标，在鼠标按键的下面粘上一块厚度适中的塑料片，厚度要根据实际需要而确定，处理完毕后即可使用。

2）鼠标按键无法正常弹起，这可能是因为按键下方微动开关中的碗形接触片断裂引起的，尤其是塑料弹簧片长期使用后容易断裂。如果是三键鼠标，那么可以将中间的那一个键拆下来应急。如果是品质好的原装名牌鼠标，则可以焊下，拆开微动开关，细心清洗触点，上一些润滑脂后，装好即可使用。

**内存**

内存是计算机中最重要的配件之一。那么内存最常见的故障都有哪些呢？

常见故障 1：开机无显示。

出现此类故障一般是因为内存条与主板内存插槽接触不良造成的，只要用橡皮擦来回擦拭其_____部位即可解决问题（不要用酒精等清洗），还有就是内存损坏或主板内存槽有问题也会造成此类故障。

由于内存条原因造成开机无显示，主机扬声器一般都会长时间蜂鸣（针对 Award Bios 而言）。

常见故障 2：Windows 注册表经常无故损坏，提示要求用户恢复。

此类故障一般都是因为内存条质量不佳引起的，很难进行修复，只能更换。

常见故障 3：Windows 经常自动进入安全模式。

此类故障一般是由于_____与内存条不兼容或内存条质量不佳引起的。常见于高频率的内存用于某些不支持此频率内存条的主板上，可以尝试在_____设置内降低内存读取速度看能否解决问题，若不行，则只有更换内存条了。

常见故障 4：随机性死机。

此类故障一般是由于采用了几种不同芯片的内存条，由于各内存条速度不同产生一个时间差从而导致死机，对此可以在 CMOS 设置内_____内存速度予以解决，否则，唯有使用同型号内存。还有一种可能就是内存条与主板不兼容，此类现象一般少见，另外也有可能是内存条与主板接触不良引起计算机随机性死机。

常见故障 5：内存加大后系统资源反而降低。

此类现象一般是由于主板与内存不兼容引起的，常见于高频率的内存用于某些不支持此频率的内存条的主板上，当出现这样的故障后可以试着在 COMS 中将内存的速度设置的稍微_____。

常见故障 6：运行某些软件时经常出现内存不足的提示。

此现象一般是由于系统盘剩余空间不足造成的，可以删除一些无用文件，多留一些空间即可，一般保持在 300MB 左右为宜。

常见故障 7：从硬盘引导安装 Windows 进行到检测磁盘空间时，系统提示内存不足。

此类故障一般是由于用户在 config.sys 文件中加入了 emm386.exe 文件，只要将其屏蔽掉即可解决问题。

3．软件故障排除方法

（1）安全模式法

安全模式法主要用来诊断由于_____损坏或一些_____不兼容导致的操作系统无法启动的故障。安全模式法的诊断步骤为，首先用安全模式启动计算机，如果存在不兼容的软件，在系统启动后将它_____，然后正常退出；接着再重新启动计算机，启动后安装新的软件即可，如果还是不能正常启动，则需要使用其他方法排除故障。

（2）软件最小系统法

软件最小系统法是指从维修判断的角度能使计算机开机运行的最基本的_____，即只有一个基本的操作系统环境，不安装任何_____，可以卸载所有的应用软件或者重新安装操作系统即可。然后根据故障分析判断的需要，安装需要的应用软件。使用一个干净的操作系统环境，可以判断故障是属于系统问题、软件冲突问题，还是软、硬件间的冲突问题。

（3）程序诊断法

针对运行环境不稳定等故障，可以使用专用的软件来对计算机的软、硬件进行测试，如 3D Mark2006、Win Bench 等，根据这些软件的反复测试而生成的_____，我们就可以比较轻松地找到一些由于系统运行不稳定而引起的故障。

（4）逐步添加/去除软件法

逐步添加软件法，以_____为基础，每次只向系统添加一个软件，来检查故障现象是否发生变化，以此来判断故障软件。逐步去除软件法，正好与逐步添加软件法的操作相反。

## 学习评价

学习活动 3   考核评价表

| 学习活动名称： | | | | | 班级： | | 姓名： | |
|---|---|---|---|---|---|---|---|---|
| 评价项目 | 评价标准 | 评价依据（指信息、佐证） | 评价方式 | | | 权重 | 得分小计 | 总分 |
| | | | 自评 | 小组评价 | 教师评价 | | | |
| | | | 0.2 | 0.3 | 0.5 | | | |
| 职业素养 | 1．遵守管理规定及课堂纪律<br>2．学习积极主动、勤学好问<br>3．团队合作精神 | 1．考勤表<br>2．学习态度<br>3．小组评价意见 | | | | 0.3 | | |
| 专业能力 | 1．能检测计算机硬件故障<br>2．能检测计算机软件故障<br>3．能说出硬件故障的排除方法<br>4．能说出软件故障的排除方法 | 完成工作页情况 | | | | 0.7 | | |

教师签名：                                         日期：

注：评价分值均为百分制，小数点后保留 1 位；总分为整数。

## 学习活动 4   专用维修工具的使用方法

### 学习目标

1）认识计算机维修常用工具。
2）会使用计算机维修工具。

### 学习准备

多媒体设备、工作页、相应学习材料、计算机、机箱电源、CPU、内存、硬盘、显卡、声卡、键盘、鼠标、显示器等、多用电表、故障诊断卡、示波器、热风焊台、吸锡器、电烙铁、螺钉旋具、老虎钳、镊子。

### 学习地点

计算机维修工作站。

## 学习过程

 引导问题

1. 认识表 3-6 中的计算机硬件维修工具

表 3-6

| 图片 | 名称 | 功能 |
|------|------|------|
|  | 电烙铁 | 是电子制作和电器维修的必备工具，主要用途是焊接元件及导线。按结构可分为内热式电烙铁和外热式电烙铁；按功能可分为焊接用电烙铁和吸锡用电烙铁；根据用途不同又分为大功率电烙铁和小功率电烙铁 |
|  | 示波器 | 1）可以测量直流信号、交流信号的电压幅度<br>2）可以测量交流信号的周期，并以此换算出交流信号的频率<br>3）可显示交流信号的波形<br>4）可以用两个通道分别进行信号测量<br>5）可以在屏幕上同时显示两个信号的波形，即双踪测量功能。此功能能够测量两个信号之间的相位差和波形之间的形状差别 |
|  | 多用电表 | 多用电表是一种多功能、多量程的测量仪表，一般万用表可测量直流电流、直流电压、交流电流、交流电压、电阻和音频电平等，有的还可以测量、电容、电感及半导体元器件的一些参数。 |

（续）

| 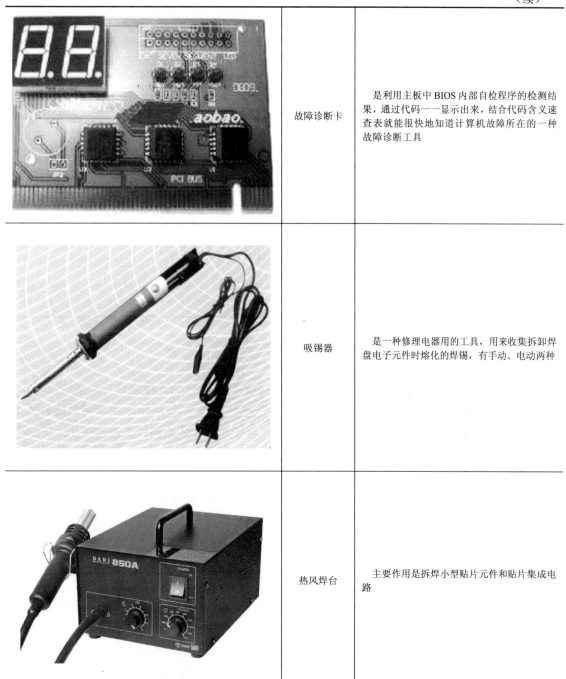 | | |
| --- | --- | --- |
| | 故障诊断卡 | 是利用主板中 BIOS 内部自检程序的检测结果，通过代码一一显示出来，结合代码含义速查表就能很快地知道计算机故障所在的一种故障诊断工具 |
| | 吸锡器 | 是一种修理电器用的工具，用来收集拆卸焊盘电子元件时熔化的焊锡，有手动、电动两种 |
| | 热风焊台 | 主要作用是拆焊小型贴片元件和贴片集成电路 |

除了上述维修工具外，你还认识哪些计算机维修工具，请填入表 3-7 中。

表 3-7

| 图片 | 名称 | 功能 |
| --- | --- | --- |
|  |  |  |
|  |  |  |
|  |  |  |
|  |  |  |

2．计算机维修工具的使用方法

（1）电烙铁的使用方法

电烙铁是最常用的_____工具。我们使用 20W 内热式电烙铁。新烙铁使用前，应用细砂纸将烙铁头打光亮，通电烧热，蘸上_____后用烙铁头刃面接触焊锡丝，使烙铁头上均匀地镀上一层锡。这样做，可以便于焊接和防止烙铁头表面氧化。旧的烙铁头如严重氧化而发黑，可用钢挫挫去表层的_____，使其露出金属光泽后，重新镀锡，才能使用。

电烙铁要用_____V 的交流电源，使用时要特别注意安全。应认真做到以下几点：电烙铁插头最好使用三极插头。要使外壳妥善接地。使用前，应认真检查电源插头、电源线有无损坏。并检查烙铁头是否松动。电烙铁使用中，不能用力敲击，要防止跌落。烙铁头上焊锡过多时，可用布擦掉。不可乱甩，以防_____他人。焊接过程中，烙铁不能到处乱放。不焊接时，应放在_____上。注意电源线不可搭在_____上，以防烫坏绝缘层而发生事故。使用结束后，应及时切断电源，拔下电源插头。冷却后，再将电烙铁收回_____。

焊锡和助焊剂焊接时，还需要焊锡和助焊剂。

①焊锡：焊接电子元件，一般采用有_____芯的焊锡丝。这种焊锡丝，熔点较低，而且内含松香助焊剂，使用极为方便。

②助焊剂：常用的助焊剂是松香或松香水（将松香溶于酒精中）。使用助焊剂，可以帮助清除金属表面的_____，利于焊接，又可保护烙铁头。焊接较大元件或导线

时，也可采用焊锡膏。但它有一定＿＿＿＿＿＿＿＿＿＿，焊接后应及时清除残留物。

（2）示波器的使用方法

示波器是一种用途十分广泛的电子测量仪器。它能把肉眼看不见的电信号变换成看得见的图像，便于人们研究各种电现象的变化过程。不少物理实验中会需要用到示波器，我们以 SR-8 型双踪示波器为例讲解其基本使用方法。

①要熟悉示波器的面板，如图 3-2 所示。

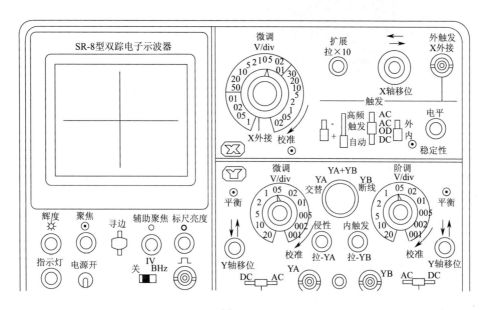

图　3-2

②示波器初次使用前或久藏复用时，有必要进行一次能否工作的简单检查和进行扫描电路稳定度、垂直放大电路直流平衡的调整。示波器在进行电压和时间的定量测试时，还必须进行垂直放大电路增益和水平扫描速度的校准，如图 3-3 所示。

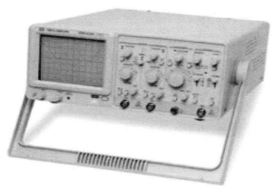

图　3-3

③选择 Y 轴耦合方式：根据被测信号频率的高低，将 Y 轴输入耦合方式选择"AC-地-DC"开关置于 AC 或 DC，如图 3-4 所示。

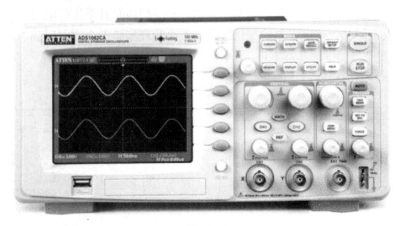

图 3-4

④选择 Y 轴灵敏度：根据被测信号大约的峰-峰值（如果采用衰减探头，应除以衰减倍数；在耦合方式取 DC 挡时，还要考虑叠加的直流电压值），将 Y 轴灵敏度选择 V/div 开关（或 Y 轴衰减开关）置于合适的挡级。实际使用中如不需读测电压值，则可适当调节 Y 轴灵敏度微调（或 Y 轴增益）旋钮，使屏幕上显示所需要高度的波形，如图 3-5 所示。

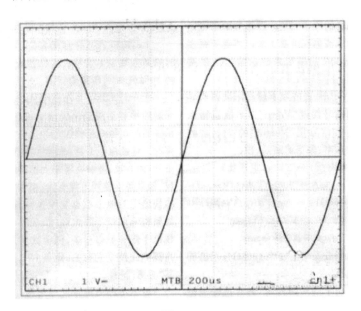

图 3-5

⑤选择触发（或同步）信号来源与极性。通常将触发（或同步）信号极性开关置于"+"或"-"挡，如图 3-6 所示。

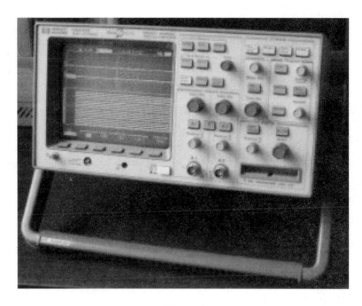

图　3-6

⑥选择扫描速度：根据被测信号周期（或频率）的大约值，将 X 轴扫描速度 t/div（或扫描范围）开关置于合适的挡级。实际使用中如不需读测时间值，则可适当调节扫速 t/div 微调（或扫描微调）旋钮，使屏幕上显示测试所需周期数的波形。如果需要观察的是信号的边沿部分，则扫速 t/div 开关应置于最快扫速挡，如图 3-7 所示。

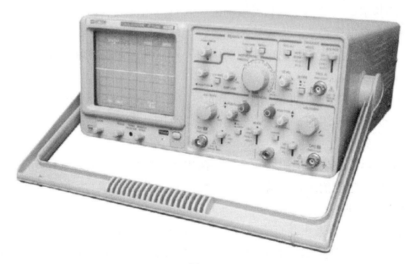

图　3-7

⑦输入被测信号：被测信号由探头衰减后（或由同轴电缆不衰减直接输入，但此时的输入阻抗降低、输入电容增大），通过 Y 轴输入端输入示波器，如图 3-8 所示。

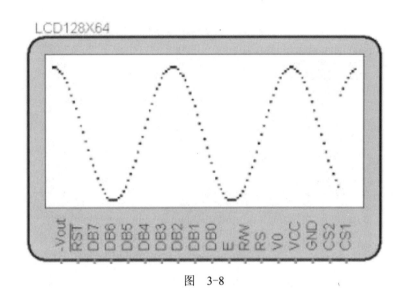

图　3-8

（3）指针式多用电表的使用方法

多用电表是我们电子制作中一个必不可少的工具。多用电表能测量电流、电压、电阻，有的还可以测量晶体管的放大倍数、频率、电容值、逻辑电位、分贝值等。表有很多种，现在最流行的有机械指针式和数字式。它们各有优点。对于初学者，建议使用指针式多用电表，因为它对我们熟悉一些电子知识原理很有帮助。下面介绍一些机械指针式多用电表的原理和使用方法。

1）多用电表的基本原理。

多用电表的基本原理是利用一只灵敏的磁电式直流电流表（微安表）做表头。当微小电流通过表头，就会有电流指示。但表头不能通过大电流，所以，必须在表头上并联与串联一些电阻进行分流或降压，从而测出电路中的电流、电压和电阻。下面分别介绍。

①测直流电流原理。

如图 3-9a 所示，在表头上并联一个适当的电阻（叫分流电阻）进行分流，就可以扩展电流量程。改变分流电阻的阻值，就能改变电流测量范围。

②测直流电压原理。

如图 3-9b 所示，在表头上串联一个适当的电阻（叫倍增电阻）进行降压，就可以扩展电压量程。改变倍增电阻的阻值，就能改变电压的测量范围。

③测交流电压原理。

如图 3-9c 所示，因为表头是直流表，所以测量交流时，需要加装一个并、串式半波整流电路，将交流进行整流变成直流后再通过表头，这样就可以根据直流电的大小来测量交流电压。扩展交流电压量程的方法与直流电压量程相似。

④测电阻原理。

如图 3-9d 所示，在表头上并联和串联适当的电阻，同时串接一节电池，使电流通过被测电阻，根据电流的大小，就可以测量出电阻值。改变分流电阻的阻值，就能改变电阻的量程。

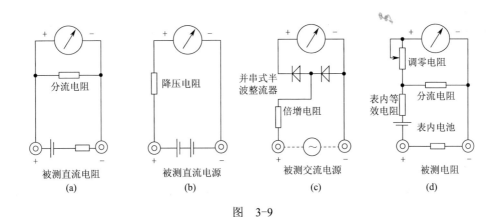

图　3-9

2）多用电表的使用。

多用电表（以 105 型为例）的表盘如图 3-10 所示。通过选择开关的旋钮来改变测量项目和测量量程。机械调零旋钮用来保持指针在静止时处于左零位。"Ω"（欧姆）调零旋钮是用来测量电阻时使指针对准右零位，以保证测量数值准确。

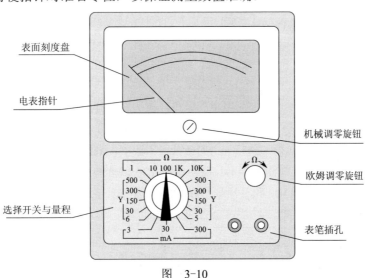

图　3-10

3）多用电表的表盘。

多用电表的测量范围如下：

直流电压：分 5 挡，分别是 0～6V、0～30V、0～150V、0～300V、0～600V。

交流电压：分 5 挡，分别是 0～6V、0～30V、0～150V、0～300V、0～600V。

直流电流：分 3 挡，分别是 0～3mA、0～30mA、0～300mA。

电阻：分 5 挡，分别是 R×1、R×10、R×100、R×1K、R×10K。

测量电阻：先将表棒搭在一起短路，使指针向右偏转，随即调整"Ω"调零旋钮，使指针恰好指到 0。然后将两根表棒分别接触被测电阻（或电路）两端，读出指针在欧姆刻度线（第一条线）上的读数，再乘以该挡标的数字，就是所测电阻的阻值。例如，用 R×100 挡测量电阻，指针指在 80，则所测得的电阻值为 80×100=8k。由于"Ω"刻度线左部读数较密，难于看准，所以测量时应选择适当的欧姆挡，使指针在刻度线的中部或右部，这样读数比较清楚准确。每次换挡，都应重新将两根表棒短接，重新调整指针到零位，才能测准，如图 3-11 所示。

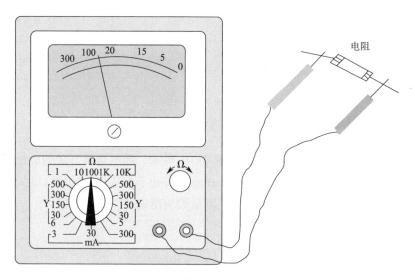

图 3-11

测量直流电压：首先估计一下被测电压的大小，然后将选择开关拨至适当的"V"（电压）量程挡，将正表棒接被测电压的"+"端，负表棒接被测量电压的"-"端。然后根据该挡量程数字与标直流符号"DC"刻度线（第二条线）上的指针所指数字，来读出被测电压的大小。如用 V300 挡测量，可以直接读表头上 0~300 的指示数值。如用 V30 伏挡测量，只须将表头上刻度线的 300 这个数字去掉一个"0"，看成是 30，再依次把 200、100 等数字看成是 20、10 即可。如图 3-12 所示。

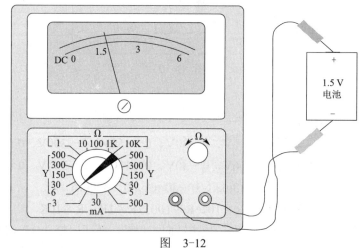

图 3-12

　　测量直流电流：先估计一下被测电流的大小，然后将选择开关拨至合适的 mA 量程挡，再把多用电表串接在电路中，如图 3-13 所示。同时观察标有直流符号"DC"的刻度线，如电流量程选在 3mA 挡，这时，应把表面刻度线上 300 的数字，去掉两个"0"，看成 3，又依次把 200、100 看成是 2、1，这样就可以读出被测电流数值。例如，用直流 3mA 挡测量直流电流，指针在 100，则电流为 1mA，如图 3-13 所示。

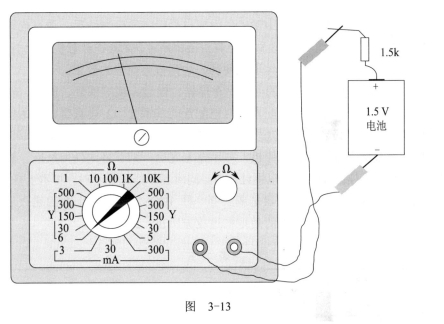

图　3-13

　　测量交流电压：测交流电压的方法与测量直流电压相似，所不同的是因交流电没有正、负之分，所以测量交流时，表棒也就不需要分正、负。读数方法与上述的测量直流电压的读法一样，只是数字应看标有交流符号"AC"的刻度线上的指针位置。

　　4）使用多用电表的注意事项。

　　多用电表是比较精密的仪器，如果使用不当，不仅造成测量不准确且极易损坏。但是，只要掌握多用电表的使用方法和注意事项、谨慎从事，那么多用电表就能经久耐用。使用多用电表时应注意以下事项：

　　测量电流与电压不能旋错挡位。如果误将电阻挡或电流挡去测电压，就极易烧坏电表。多用电表不用时，最好将挡位旋至交流电压最高挡，避免因使用不当而损坏。

　　测量直流电压和直流电流时，注意"+""-"极性，不要接错。如发现指针开始反转，应立即调换表笔，以免损坏指针及表头。

　　如果不知道被测电压或电流的大小，应先用最高挡，然后再选用合适的挡位来测试，以免表针偏转过度而损坏表头。所选用的挡位愈靠近被测值，测量的数值就愈准确。

　　测量电阻时，不要用手触及元件裸体的两端（或两支表笔的金属部分），以免人体电阻与被测电阻并联，使测量结果不准确。

测量电阻时，如将两支表笔短接，则调整"零欧姆"旋钮至最大，但指针仍然达不到 0 点，这种现象通常是由于表内电池电压不足造成的，应换上新电池才能准确测量。

多用电表不用时，不要旋至电阻挡，因为内有电池，如不小心易使两根表笔相碰短路，不仅耗费电池，严重时甚至会损坏表头。

（4）故障诊断卡的使用方法

诊断卡的工作原理是利用主板中 BIOS 内部自检程序的检测结果，通过代码一一显示出来，通过代码含义速查表就能很快地知道计算机故障所在。尤其在计算机不能引导操作系统、黑屏、喇叭不响时，使用本卡更能体现其便利，达到事半功倍的效果。

BIOS 在每次开机时，对系统的电路、存储器、键盘、视频部分、硬盘、软驱等各个组件进行严格测试，并分析硬盘系统配置，对已配置的基本 I/O 设置进行初始化，一切正常后，再引导操作系统。其显著特点是以是否出现光标为分界线，先对关键性部件进行测试。关键性部件发生故障强制机器转入停机，显示器无光标，则屏幕无任何反应。然后，对非关键性部件进行测试，对有故障机器也继续运行，同时显示器无显示时，将本卡插入扩充槽内。根据卡上显示的代码，参照你的机器是属于哪一种 BIOS，再通过下面的速查表查出该代码所表示的故障原因和部位，就可以清楚地知道故障所在，见表 3-8。

表 3-8

| 灯名 | 中文意义 | 说　明 |
|------|----------|--------|
| CLK | 总线时钟 | 不论 ISA 或 PCI，只要一块空板（无 CPU 等）接通电源就应常亮，否则 CLK 信号坏 |
| BIOS | 基本输入输出 | 主板运行时对 BIOS 有读操作时就闪亮 |
| IRDY | 主设备准备好 | 有 IRDY 信号时才闪亮，否则不亮 |
| OSC | 振荡 | ISA 槽的主振信号，空板上电则应常亮，否则停振 |
| FRAME | 帧周期 | PCI 槽有循环帧信号时灯才闪亮，平时常亮 |
| RST | 复位 | 开机或按了 RESET 开关后亮半秒钟熄灭属于正常，若一直亮则因主板上的复位插针接上了加速开关或复位电路损坏 |
| 12V | 电源 | 空板上电即应常亮，否则无此电压或主板有短路 |
| −12V | 电源 | 空板上电即应常亮，否则无此电压或主板有短路 |
| 5V | 电源 | 空板上电即应常亮，否则无此电压或主板有短路 |
| −5V | 电源 | 空板上电即应常亮，否则无此电压或主板有短路（只有 ISA 槽才有此电压） |
| 3V3 | 电源 | 这是 PCI 槽特有的 3.3V 电压，空板上电即应常亮，若某些有 PCI 槽的主板本身无此电压，则不亮 |

故障诊断卡使用流程图（以最小系统为例），如图 3-14 所示。

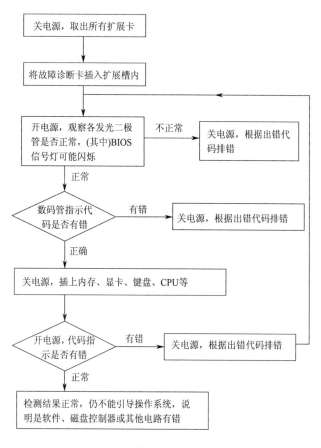

图 3-14

对于不同 BIOS（常用的 AMI、Award、Phoenix）用同一故障代码所代表的意义有所不同，因此应弄清所检测的计算机是属于哪一种类型的 BIOS，可通过查问计算机使用手册，或从主板上的 BIOS 芯片上直接查看，也可以在启动屏幕时直接看到。故障代码含义速查表见附录 B。

（5）吸锡器的使用方法

吸锡器是一种修理电器用的工具，收集拆卸焊盘电子元件时融化的焊锡。分手动、电动两种。

吸锡器的使用步骤如下：

①先把吸锡器活塞向下压至卡住。

②用电烙铁加热焊点至焊料熔化。

③移开电烙铁的同时，迅速把吸锡器头的小孔贴上焊点，并按动吸锡器按钮。

④一次吸不干净，可重复操作多次。

吸锡器吸锡拆卸法：使用吸锡器拆卸集成块，这是一种常用的专业方法，使用工具为普通吸、焊两用电烙铁，功率在 35W 以上。拆卸集成块时，只要将加热后的两用电烙铁头放在要拆卸的集成块引脚上，待焊点锡融化后被吸入吸锡器内，全部引脚的焊锡吸完后集成块即可拿掉。

其他几种焊盘拆焊方法：

①用吸锡器进行拆焊。先将吸锡器里面的空气压出并卡住，再将被拆的焊点加热，使焊料熔化，然后把吸锡器的吸嘴对准熔化的焊料，然后按一下吸锡器上的小凸点，焊料就被吸进吸锡器内。

②用吸锡电烙铁（电热吸锡器）拆焊。吸锡电烙铁也是一种专用拆焊烙铁，它能在对焊点加热的同时，把锡吸入内腔，从而完成拆焊。拆焊是一件细致的工作，不能马虎从事，否则将造成元器件的损坏、印制导线的断裂、焊盘的脱落等各类不应有的损失。

③用吸锡带（铜编织线）进行拆焊：在吸锡带前端涂上松香，放在将要拆焊的焊点上，再把电烙铁放在吸锡带上加热焊点，待焊锡熔化后，就被吸锡带吸去，如焊点上的焊料一次没有被吸完，可重复操作，直到吸完。将吸锡带吸满焊料的部分剪去。

在调试、维修或焊接错误等，都需要对元器件进行更换。在更换元器件时就需要拆焊。由于拆焊的方法不当，往往造成元器件的损坏、印制导线的断裂，甚至焊盘的脱落。尤其是更换集成电路块时，就更加困难。

吸锡器的使用技巧如下：

①要确保吸锡器活塞密封良好。通电前，用手指堵住吸锡器头的小孔，按下按钮，如活塞不易弹出到位，说明密封是好的。

②吸锡器头的孔径有不同尺寸，要选择合适的规格使用。

③吸锡器头用旧后，要适时更换新的。

④接触焊点以前，每次都蘸一点松香，改善焊锡的流动性。

⑤头部接触焊点的时间稍长些，当焊锡熔化后，以焊点针脚为中心，手向外按顺时针方向画一个圆圈之后，再按动吸锡器按钮。

（6）热风焊台的使用方法（见图3-15）

图　3-15

学习任务 3  计算机故障排除

热风焊台是维修通信设备的重要工具之一，主要由气泵、气流稳定器、线性电路板、手柄，外壳等基本组件构成。其主要作用是拆焊小型贴片元件和贴片集成电路。正确使用热风焊台可提高维修效率，如果使用不当，会损坏主板。如有的维修人员在取下功放或 CPU 时，发现主板电路板掉焊点，塑料排线座及键盘座被损坏，甚至出现短路现象。这实际是维修人员不了解热风焊台的特性造成的。因此，如何正确使用热风焊台是维修主板的关键。

①吹焊小贴片元件的方法。

主板中的小贴片元件主要包括片状电阻、片状电容、片状电感及片状晶体管等。对于这些小型元件，一般使用热风焊台进行吹焊。吹焊时一定要掌握好风量、风速和气流的方向。如果操作不当，不但会将小元件吹跑，而且还会损坏大的元器件。

吹焊小贴片元件一般采用小嘴喷头，热风焊台的温度调至 2～3 挡，风速调至 1～2 挡。待温度和气流稳定后，便可用手指钳夹住小贴片元件，使热风焊台的喷头距离欲拆卸的元件 2～3cm，并保持垂直，在元件的上方均匀加热，待元件周围的焊锡熔化后，用手指钳将其取下。如果焊接小元件，要将元件放正，若焊点上的锡不足，可用烙铁在焊点上加注适量的焊锡，焊接方法与拆卸方法一样，只要注意温度与气流方向即可。

②吹焊贴片集成电路的方法。

用热风焊台吹焊贴片集成电路时，首先应在芯片的表面涂放适量的助焊剂，这样既可防止干吹，又能帮助芯片底部的焊点均匀熔化。由于贴片集成电路的体积相对较大，在吹焊时可采用大嘴喷头，热风焊台的温度可调至 3～4 挡，风量可调至 2～3 挡，风焊台的喷头离芯片 2.5cm 左右为宜。吹焊时应在芯片上方均匀加热,直到芯片底部的锡珠完全熔解,此时应用手指钳将整个芯片取下。需要说明的是,在吹焊此类芯片时,一定要注意是否影响周边元器件。另外芯片取下后，主板电路板会残留余锡，可用电烙铁将余锡清除。若焊接芯片，应将芯片与电路板相应位置对齐，焊接方法与拆卸方法相同。

**提醒**：热风焊台的喷头要垂直焊接面，距离要适中；热风焊台的温度和气流要适当；吹焊主板电路板时，应将备用电池取下，以免电池受热而爆炸；吹焊结束时，应及时关闭热风焊台电源，以免手柄长期处于高温状态，缩短使用寿命。

## 学习评价

### 学习活动 4  考核评价表

| 学习活动名称： | | | 班级： | | | 姓名： | | |
|---|---|---|---|---|---|---|---|---|
| 评价项目 | 评价标准 | 评价依据（指信息、佐证） | 评价方式 | | | 权重 | 得分小计 | 总分 |
| | | | 自评 | 小组评价 | 教师评价 | | | |
| | | | 0.2 | 0.3 | 0.5 | | | |
| 职业素养 | 1.遵守管理规定及课堂纪律<br>2.学习积极主动、勤学好问<br>3.团队合作精神 | 1.考勤表<br>2.学习态度<br>3.小组评价意见 | | | | 0.3 | | |

（续）

| 评价项目 | 评价标准 | 评价依据<br>（指信息、佐证） | 评价方式 | | | 权重 | 得分<br>小计 | 总分 |
|---|---|---|---|---|---|---|---|---|
| | | | 自评 | 小组评价 | 教师评价 | | | |
| | | | 0.2 | 0.3 | 0.5 | | | |
| 专业能力 | 1.能识别计算机硬件维修工具<br>2.能说出维修工具的作用<br>3.能使用硬件维修工具 | 完成工作页情况 | | | | 0.7 | | |

教师签名：                                      日期：

注：评价分值均为百分制，小数点后保留1位；总分为整数。

## 学习活动 5　故障验收内容

### 学习目标

1）计算机故障验收的原则。
2）计算机故障验收的规范。

### 学习准备

多媒体设备、工作页、相应学习材料、计算机、机箱电源、CPU、内存、硬盘、显卡、声卡、键盘、鼠标、显示器等、万用表、故障诊断卡、示波器、热风焊台、吸锡器、电烙铁、螺钉旋具、老虎钳、镊子。

### 学习地点

计算机维修工作站。

### 学习过程

引导问题

（1）写出下列故障现象的分析方法与检查思路
故障现象 1：打开电源，按下开机按钮后，计算机无任何动静。
分析：＿＿＿＿＿＿＿＿＿＿＿＿＿＿＿＿＿＿＿＿＿＿＿＿＿＿＿＿＿＿＿＿＿＿

＿＿＿＿＿＿＿＿＿＿＿＿＿＿＿＿＿＿＿＿＿＿＿＿＿＿＿＿＿＿＿＿＿＿＿＿＿

＿＿＿＿＿＿＿＿＿＿＿＿＿＿＿＿＿＿＿＿＿＿＿＿＿＿＿＿＿＿＿＿＿＿＿＿＿

检查思路和方法：＿＿＿＿＿＿＿＿＿＿＿＿＿＿＿＿
＿＿＿＿＿＿＿＿＿＿＿＿＿＿＿＿＿＿＿＿＿＿＿＿＿＿
＿＿＿＿＿＿＿＿＿＿＿＿＿＿＿＿＿＿＿＿＿＿＿＿＿＿
＿＿＿＿＿＿＿＿＿＿＿＿＿＿＿＿＿＿＿＿＿＿＿＿＿＿
＿＿＿＿＿＿＿＿＿＿＿＿＿＿＿＿＿＿＿＿＿＿＿＿＿＿
＿＿＿＿＿＿＿＿＿＿＿＿＿＿＿＿＿＿＿＿＿＿＿＿＿＿

故障现象 2：按下开机按钮，风扇转动，但显示器无图像，计算机无法进入正常工作状态。

分析：＿＿＿＿＿＿＿＿＿＿＿＿＿＿＿＿＿＿＿＿＿＿＿
＿＿＿＿＿＿＿＿＿＿＿＿＿＿＿＿＿＿＿＿＿＿＿＿＿＿

检查思路和方法：＿＿＿＿＿＿＿＿＿＿＿＿＿＿＿＿
＿＿＿＿＿＿＿＿＿＿＿＿＿＿＿＿＿＿＿＿＿＿＿＿＿＿
＿＿＿＿＿＿＿＿＿＿＿＿＿＿＿＿＿＿＿＿＿＿＿＿＿＿
＿＿＿＿＿＿＿＿＿＿＿＿＿＿＿＿＿＿＿＿＿＿＿＿＿＿
＿＿＿＿＿＿＿＿＿＿＿＿＿＿＿＿＿＿＿＿＿＿＿＿＿＿
＿＿＿＿＿＿＿＿＿＿＿＿＿＿＿＿＿＿＿＿＿＿＿＿＿＿
＿＿＿＿＿＿＿＿＿＿＿＿＿＿＿＿＿＿＿＿＿＿＿＿＿＿

故障现象 3：开机后，显示器无图像，但计算机读硬盘，通过声音判断，计算机已进入操作系统。

分析：＿＿＿＿＿＿＿＿＿＿＿＿＿＿＿＿＿＿＿＿＿＿＿
＿＿＿＿＿＿＿＿＿＿＿＿＿＿＿＿＿＿＿＿＿＿＿＿＿＿

检查思路和方法：＿＿＿＿＿＿＿＿＿＿＿＿＿＿＿＿
＿＿＿＿＿＿＿＿＿＿＿＿＿＿＿＿＿＿＿＿＿＿＿＿＿＿
＿＿＿＿＿＿＿＿＿＿＿＿＿＿＿＿＿＿＿＿＿＿＿＿＿＿
＿＿＿＿＿＿＿＿＿＿＿＿＿＿＿＿＿＿＿＿＿＿＿＿＿＿
＿＿＿＿＿＿＿＿＿＿＿＿＿＿＿＿＿＿＿＿＿＿＿＿＿＿
＿＿＿＿＿＿＿＿＿＿＿＿＿＿＿＿＿＿＿＿＿＿＿＿＿＿

故障现象 4：开机后已显示显卡和主板信息，但自检过程进行到某一硬件时停止。

分析：_____

_____

_____

检查思路和方法：_____

_____

_____

_____

_____

_____

_____

故障现象 5：通过自检，但无法进入操作系统。

分析：_____

_____

检查思路和方法：_____

_____

_____

_____

_____

_____

_____

故障现象 6：进入操作系统后不久死机。

分析：_____

_____

检查思路和方法：_____

_____

_____

_____

_____

_____

_____

_____

_____

（2）计算机故障验收规范

计算机故障分为硬件故障和软件故障。如果计算机故障排查完成后，则必须进行故障消除。因此我们必须对计算机故障进行验收，在验收时按照先硬件后软件的原则进行。

1）请写出计算机硬件故障的验收规范。

_____

_____

_____

_____

_____

_____

_____

2）请写出计算机软件故障的验收规范。

_____

_____

_____

_____

_____

_____

_____

（3）设计计算机故障并进行验收

如果让你进行硬件故障设置，你会如何设计？写出你对故障进行设计的方法，并写出验收方法。

设计原则：_____

_____

_____

_____

_____

_____

_____

验收方法：_____

_____

_____

_____

_____

_____

软件故障设置，写出故障设计原则与验收方法。

设计原则：_____

_____

_____

_____

_____

_____

验收方法：_____

_____

_____

_____

## 学习评价

### 学习活动 5　考核评价表

| 学习活动名称： | | | | 班级： | | | 姓名： | | |
|---|---|---|---|---|---|---|---|---|---|
| 评价项目 | 评价标准 | 评价依据（指信息、佐证） | 评价方式 | | | 权重 | 得分小计 | 总分 | |
| | | | 自评 | 小组评价 | 教师评价 | | | | |
| | | | 0.2 | 0.3 | 0.5 | | | | |
| 职业素养 | 1. 遵守管理规定及课堂纪律<br>2. 学习积极主动、勤学好问<br>3. 团队合作精神 | 1. 考勤表<br>2. 学习态度<br>3. 小组评价意见 | | | | 0.3 | | | |
| 专业能力 | 1. 能掌握计算机故障验收原则<br>2. 能设计硬件故障并会验收<br>3. 能设计软件故障并会验收 | 完成工作页情况 | | | | 0.7 | | | |

教师签名：　　　　　　　　　　　　　　　　　　　　　　日期：

注：评价分值均为百分制，小数点后保留 1 位；总分为整数。

# 附录 A 计算机教学机房（学生机）系统安装方案

1. 操作系统

（1）完成安装 Windows XP Profession

安装前进入安装模式（按<home>键），并将计算机设置为先从光盘启动。

硬盘分区说明：（用 dm 分区）

C 盘：15GB（操作系统），采用 NTFS 格式。

D 盘：5GB（学生存放数据），采用 FAT32 格式。

E 盘：磁盘所有剩余的全部空间（存放上课使用的一些文件和上课的练习题、图像资源、音乐资源、视频资源。），采用 FAT32 格式。

安装时注册信息中的单位为：gzittc，用户：xx。

系统用户设置时，用户名为：administrator，密码：200708，然后再添加一个用户。

启用 guest 用户设置，无用户名和密码。每次启动后将成为默认用户。

（2）除了安装操作系统外，还需要安装其他组件

1）操作系统所有的补丁。

2）IIS：需要单独配置，仅安装 Web 服务、FTP 服务（将该服务关闭），并且不包含管理组件。

注意某些系统补丁可能造成 iis 无法使用。

3）游戏：仅包含系统自带的单机游戏，不包含网络游戏。系统安装完成后在控制面板的"添加和删除程序"中将 IE 和 QQ 游戏卸载掉，仅留下扫雷、蜘蛛纸牌和纸牌 3 个游戏。

4）输入法：全部安装，包括五笔 86、五笔 98、微软拼音、全拼、双拼、智能、紫光 v6、搜狗等（安装一些可供更换的皮肤并更新词库）。

5）驱动程序：计算机原装主板、声卡、网卡、USB 等。

6）.netframework2.0 软件。

（3）操作系统的配置

1）计算机名称按照此格式配置：第一机房 1101－04（第一个 1 表示第一机房，101 表示机器上的标号，04 表示年份）。

2）计算机所在的工作组名称按照此格式：第一机房。

3）计算机的 IP 地址。

IP 地址的命名规则：按照计算机所在位置命名，比如计算机的位置是 415，那么 IP 地址中的机器号就是 154。例如，402 为 24，215 为 152。也就是把计算机所在位置的排号和位置倒换。

4）Internet 配置。

①IE 的首页设置为：http://www.gzittc.com。

②IE 的 Internet 文件设置为：磁盘空间为 100MB，每次访问网页均检查更新。

③IE 的历史记录设置为 1 天。

④IE 的代理服务器设置为不使用代理服务器。

⑤不检查 IE 为默认浏览器。

⑥关闭自动更新。

⑦IE 窗口最大化。

5）上网的相关内容。

将如下网站存入收藏夹：

①广州市工贸技师学院(http://www.gzittc.com)。

②广州市人社局(http://www.gzpi.gov.cn/)。

③安装 Flash9 插件。

6）安装打印机。默认安装一个打印机，端口默认为 lpt1，厂商 hp，型号任意，推荐 hplaserjet8000seriesps。安装可支持多种纸张（a3,a4,b4,b5 等）。

7）系统设置。

在桌面上单击鼠标右键，选择属性→桌面→自定义桌面，分别选中我的电脑、我的文档、网上邻居、IE 这 4 项。

①禁用休眠。

②将虚拟内存文件存在 E 盘，以便复制文件时节省时间（复制文件时一般不传到 D、E 盘文件）。

③关闭"系统还原"功能。

④不启用"阻止窗口弹出程序"功能。

⑤启用"远程协助"和"远程桌面"功能。

⑥禁用"系统错误报告"功能，启用"但在发生严重错误时通知我"功能。

⑦添加本地连接图标。选择网上邻居并单击鼠标右键，在其快捷菜单中选择"属性"选项，显示网络连接窗口；选择本地连接并单击鼠标右键，在其快捷菜单中选择"属性"选项，在本地连接属性窗口中，选中连接后在通知区域显示图标。

8）显示器设置。设置显示器刷新率为 75hz，颜色为 16 位。

在视觉效果中勾选"在菜单下显示阴影""在窗口和按钮上使用视觉样式""在文件夹中使用常见任务""在桌面上为图标标签使用阴影"选项。

9）安装"重启多媒体客户端"。将重启多媒体软件放在 c:\documentandsettings\xx\开始菜单和 c:\windows\system32，并添加快捷方式在开始菜单中和桌面任务栏快速启动栏中。

10）桌面设置。

①任务栏不锁定。

②显示状态栏。

2．软件

软件均默认安装在 c:\programfiles。

（1）多媒体教学软件和网络还原大师

使用远志多媒体教学软件（被控端）和金长城网络还原大师（被控端）。

金长城网络还原大师使用计算机附带的随机光盘或使用"BIOS 集成长城网络还原大师驱动程序 v5.2.rar"，频道设置在 0，密码默认为 200708。

（2）Office 2003

①完成安装：Word2003、Excel2003、Powerpoint2003、Frontpage2003、Access2003（选择完全安装）。

②不安装：Outlook2003。

③输入法安装王码五笔的两个版本。

软件使用光盘包中的 Officexp（必须注册和破解，破解方法见软件包内说明）。打上 Office 的相关补丁，并安装一个可将 Office2007 文档格式转化成 Office2003 文档格式的软件。

Word2003 中的搜索一项须在安装完成后进行启动，以提高以后的搜索启动速度。搜索范围仅限于 Office 收藏集（"Office 收藏集"前的对勾一定要保证选择了所有项）。同时将后窗口右边的启动项选择为窗格关闭。检测公式 3.0 和斜线表头。

（3）Adobe 公司软件

默认安装：Photoshopcs

软件地址：

默认安装：Adobereader 8.0

软件地址：

关闭显示页

默认安装：Cajviewer7.0 全文浏览器

软件地址：

（4）Macromedia 公司软件

默认安装：Macromediafireworks8

默认安装：Macromediaflash8

默认安装：Macromediadreamweaver8

软件地址：

安装完成后进行注册。

（5）金山公司软件

默认安装：金山词霸 2003 简体中文完美版，安装金山词霸，自定义安装，安装中不添加任何快接方式，删除金山词霸的 Office 插件。

软件地址：

默认安装：金山快译 2006 专业版。安装金山快译 2006，在安装过程中，选择自定义安装，安装中不添加任何快接方式，并按照安装说明进行破解并删除金山快译的 Office 插件。

软件地址：

默认安装：金山打字 2006 专业版。

软件地址：

（6）上网相关软件

默认安装：QQ2012

软件地址：

默认安装：Flashget

软件地址：（必须注册和破解，破解方法见软件包内说明）

软件安装完成之后，禁止监视剪切板和监视浏览器点击，打开悬浮窗，用系统默认使用的操作系统自带的下载方式下载，设置默认下载路径为 d:\download。

（7）多媒体软件

默认安装：Windowsmediaplayer10

软件地址：

默认安装：Realplayer10.5gold

软件地址：

以上这两个软件都要完成注册，避免使用过程中出现注册的对话框。同时禁止自动更新和禁止获得相关资讯。

默认使用 Windowsmediaplayer 作为 mp3、wmv、wav 等所有格式的播放器，软件的网络环境设置为 10MB 以上。

Realplayer 窗口仅显示播放器并放在桌面中间。

默认安装：Acdsee9.0

软件地址：

默认安装：千千静听

软件地址：

默认安装：流媒体播放软件

软件地址：

安装 Autocad2002。

软件地址：

安装 Autocad2002 时，需要输入序列号及 ID，装完重启计算机。装完注册，运行"autocad 2002 注册"→sp1→.exe 及"autocad2002 注册"→gdilla3.25→cdsetup。运行 autocad2002→授权…把申请号复制到 acadkey 中。

软件安装完成之后，要选择简单风格和禁止启动时检查文件关联。其中，asdsee9.0 不关联 psd 文件。千千静听仅关联 mp3 文件。

默认安装：视频插件 director

（8）杀毒软件

默认安装：kavpro383 正式注册版

软件地址：

软件安装以后要迅速地升级病毒库，并完成第一次的系统全面扫描。

（9）其他软件

压缩软件：winrarv3.42

软件地址：

虚拟光驱软件：daemon_toolsv4.00

软件地址：

数据库软件：sqlserver2000 配置方法选择"使用本地系统账户"，使用混合模式身份验证。并为其打补丁。

软件地址：

（10）编程软件

安装 visualstudiov6.0（vc、vb、vf 等全部安装）。vf6.0 更改默认存储位置为 D 盘。

3．还原卡配置说明

请保护计算机的 C 盘和 E 盘，D 盘不保护。

C 盘为系统盘。

D 盘放开，让学生自己使用。

E 盘保护，存放教学使用的文件、图像、音频和视频资源。具体资源请向负责人索取。

4．其他说明

1）所有的软件在安装完成以后，请全部运行一遍，确保无误。

2）如果该软件有相关的补丁，则须安装。例如，Flash、Fireworks、Dreamweaver、Adobereader 等。

3）使用软件的时候，请不要修改软件的默认配置。

4）主板的 BIOS 设置中软驱 a 盘的端口需禁用。

5）计算机的组策略（gpedit.msc 命令）中"本地计算机"策略的管理模板中的系统设置里应启用"关闭所用驱动器的自动播放"选项。

6）卸载系统自带的 Outlookexpress。

7）设置 Windows 防火墙，解除对重启多媒体、视频窗口、文件传输的阻止。

8）清除网上邻居中的共享。

5．开始传送系统前请最后操作如下内容

1）请删除 C 盘目录下的 Download 文件夹、Mymusic 文件夹等非系统文件夹和文件，系统补丁文件和 Sqlserver2000 的补丁文件。

2）清空安装系统时所使用的原始文件。

3）清空回收站。

4）清空上网的临时文件和历史记录。

5）清除使用 QQ 的记录。

6）清除软件测试使用的历史记录。

7）不要选择桌面上的任何快捷方式。请在桌面的空白处单击。

8）将机房的客户端文件 modifyv1.0 放入 c:/documentandsettings/jifang/开始/启动中，已包含 desktop 的配置图片放入 D 盘。

9）最后一次关机时请选择关闭计算机。

6.学生机安装时需要特别注意的问题

1）请严格按照本规范安装。

2）每周清理一次学生机 D 盘上的垃圾文件，仅保留以学生姓名命名的文件夹，同时清空回收站。

3）重新安装学生机时，请不要造成 E 盘的数据丢失。

4）学生机要求每周至少做一次系统升级和病毒库升级，可以先将系统转入安装模式，完成系统升级和病毒库升级之后，再重新将系统转入保护模式。

# 附录 B  BIOS 故障代码含义速查表

| 代码 | Award BIOS | AMI BIOS | Phoenix BIOS 或 Tandy 3000 BIOS |
|---|---|---|---|
| 00 | . | 已显示系统的配置，将控制 INI19 引导装入 | . |
| 01 | 处理器测试 1，处理器状态核实，如果测试失败，循环是无限的 | 处理器寄存器的测试即将开始，不可屏蔽中断即将停用 | CPU 寄存器测试正在进行或者失败 |
| 02 | 确定诊断的类型（正常或者制造）。如果键盘缓冲器含有数据就会失效 | 停用不可屏蔽中断，通过延迟开始 | CMOS 写入 / 读出正在进行或者失灵 |
| 03 | 清除 8042 键盘控制器，发出 TESTKBRD 命令（AAH） | 通电延迟已完成 | ROM BIOS 检查部件正在进行或失灵 |
| 04 | 使 8042 键盘控制器复位，核实 TESTKBRD | 键盘控制器软复位 / 通电测试 | 可编程间隔计时器的测试正在进行或失灵 |
| 05 | 如果不断重复制造测试 1~5，可获得 8042 控制状态 | 已确定软复位 / 通电，将启动 ROM | DMA 初始准备正在进行或者失灵 |
| 06 | 使电路片作初始准备，停用视频、奇偶性、DMA 电路片，以及清除 DMA 电路片，所有页面寄存器和 CMOS 停机字节 | 已启动 ROM 计算 ROM BIOS 检查总和，以及检查键盘缓冲是否清除 | DMA 初始页面寄存器读 / 写测试正在进行或失灵 |
| 07 | 处理器测试 2，核实 CPU 寄存器的工作 | ROM BIOS 检查总和正常，键盘缓冲器已清除，向键盘发出 BAT（基本保证测试）命令 | . |
| 08 | 使 CMOS 计时器作初始准备，正常地更新计时器的循环 | 已向键盘发出 BAT 命令，将写入 BAT 命令 | RAM 更新检验正在进行或失灵 |
| 09 | EPROM 检查总和且必须等于零才通过 | 核实键盘的基本保证测试，接着核实键盘命令字节 | 第一个 64KB RAM 测试正在进行 |
| 0A | 使视频接口作初始准备 | 发出键盘命令字节代码，将写入命令字节数据 | 第一个 64KB RAM 芯片或数据线失灵，移位 |
| 0B | 测试 8254 通道 0 | 写入键盘控制器命令字节，将发出引脚 23 和 24 的封锁 / 解锁命令 | 第一个 64KB RAM 奇 / 偶逻辑失灵 |
| 0C | 测试 8254 通道 1 | 键盘控制器引脚 23、24 已封锁 / 解锁；已发出 NOP 命令 | 第一个 64KB RAN 的地址线故障 |
| 0D | 1）检查 CPU 速度是否与系统时钟相匹配。2）检查控制芯片已编程值是否符合初始设置。3）视频通道测试，如果失败，则鸣喇叭 | 已处理 NOP 命令，接着测试 CMOS 停开寄存器 | 第一个 64K RAM 的奇偶性失灵 |
| 0E | 测试 CMOS 停机字节 | CMOS 停开寄存器读 / 写测试，将计算 CMOS 检查总和 | 初始化输入 / 输出端口地址 |

（续）

| 代码 | Award BIOS | AMI BIOS | Phoenix BIOS 或 Tandy 3000 BIOS |
|------|-----------|----------|-------------------------------|
| 0F | 测试扩展的 CMOS | 已计算 CMOS 检查总和写入诊断字节，CMOS 开始初始准备 | |
| 10 | 测试 DMA 通道 0 | CMOS 已作初始准备，CMOS 状态寄存器将为日期和时间作初始准备 | 第一个 64KB RAM 第 0 位故障 |
| 11 | 测试 DMA 通道 1 | CMOS 状态寄存器已作初始准备，将停用 DMA 和中断控制器 | 第一个 64KB RAM 第 1 位故障 |
| 12 | 测试 DMA 页面寄存器 | 停用 DMA 控制器 1 以及中断控制器 1 和 2，将视频显示器并使用端口 B 作初始准备 | 第一个 64KB RAM 第 2 位故障 |
| 13 | 测试 8741 键盘控制器接口 | 视频显示器已停用，端口 B 已作初始准备，将开始电路芯片初始化 / 存储器自动检测 | 第一个 64KB RAM 第 3 位故障 |
| 14 | 测试存储器更新触发电路 | 电路芯片初始化 / 存储器处自动检测结束，8254 计时器测试将开始 | 第一个 64KB RAM 第 4 位故障 |
| 15 | 测试开头 64KB 的系统存储器 | 第 2 通道计时器测试了一半，8254 第 2 通道计时器将完成测试 | 第一个 64KB RAM 第 5 位故障 |
| 16 | 建立 8259 所用的中断矢量表 | 第 2 通道计时器测试结束，8254 第 1 通道计时器将完成测试 | 第一个 64KB RAM 第 6 位故障 |
| 17 | 调准视频输入 / 输出工作，若装有视频 BIOS 则启用 | 第 1 通道计时器测试结束，8254 第 0 通道计时器将完成测试 | 第一个 64KB RAM 第 7 位故障 |
| 18 | 测试视频存储器，如果安装选用的视频 BIOS 通过，则可绕过 | 第 0 通道计时器测试结束，将开始更新存储器 | 第一个 64KB RAM 第 8 位故障 |
| 19 | 测试第 1 通道的中断控制器（8259）屏蔽位 | 已开始更新存储器，接着将完成存储器的更新 | 第一个 64KB RAM 第 9 位故障 |
| 1A | 测试第 2 通道的中断控制器（8259）屏蔽位 | 正在触发存储器更新线路，将检查 15μs 通 / 断时间 | 第一个 64KB RAM 第 10 位故障 |
| 1B | 测试 CMOS 电池电平 | 完成存储器更新时间 30μs 测试，将开始基本的 64KB 存储器测试 | 第一个 64KB RAM 第 11 位故障 |
| 1C | 测试 CMOS 检查总和 | . | 第一个 64KB RAM 第 12 位故障 |
| 1D | 调定 CMOS 配置 | . | 第一个 64KB RAM 第 13 位故障 |
| 1E | 测定系统存储器的大小，并且把它和 CMOS 值比较 | . | 第一个 64KB RAM 第 14 位故障 |
| 1F | 测试 64KB 存储器至最高 640KB | . | 第一个 64KB RAM 第 15 位故障 |
| 20 | 测量固定的 8259 中断位 | 开始基本的 64KB 存储器测试，将测试地址线 | 从属 DMA 寄存器测试正在进行或失灵 |
| 21 | 维持不可屏蔽中断（NMI）位（奇偶性或输入 / 输出通道的检查） | 通过地址线测试，将触发奇偶性 | 主 DMA 寄存器测试正在进行或失灵 |

（续）

| 代码 | Award BIOS | AMI BIOS | Phoenix BIOS 或 Tandy 3000 BIOS |
|---|---|---|---|
| 22 | 测试 8259 的中断功能 | 结束触发奇偶性，将开始串行数据读 / 写测试 | 主中断屏蔽寄存器测试正在进行或失灵 |
| 23 | 测试保护方式 8086 虚拟方式和 8086 页面方式 | 基本的 64KB 串行数据读 / 写测试正常，将开始中断矢量初始化之前的任何调节 | 从属中断屏蔽寄存器测试正在进行或失灵 |
| 24 | 测定 1MB 以上的扩展存储器 | 矢量初始化之前的任何调节完成，将开始中断矢量的初始准备 | 设置 ES 段地址寄存器注册表到内存高端 |
| 25 | 测试除第一个 64KB 之后的所有存储器 | 完成中断矢量初始准备，将为旋转式断续开始读出 8042 的输入 / 输出端口 | 装入中断矢量正在进行或失灵 |
| 26 | 测试保护方式的例外情况 | 读出 8042 的输入 / 输出端口，将为旋转式断续开始使全局数据作初始准备 | 开启 A20 地址线，使其进入寻址状态 |
| 27 | 确定超高速缓冲存储器的控制或屏蔽 RAM | 全 1 数据初始准备结束，接着将进行中断矢量之后的任何初始准备 | 键盘控制器测试正在进行或失灵 |
| 28 | 确定超高速缓冲存储器的控制或者特别的 8042 键盘控制器 | 完成中断矢量之后的初始准备，将调定单色方式 | CMOS 电源故障 / 检查总和计算正在进行 |
| 29 | . | 已调定单色方式，将调定彩色方式 | CMOS 配置有效性的检查正在进行 |
| 2A | 使键盘控制器作初始准备 | 已调定彩色方式，将进行 ROM 测试前的触发奇偶性 | 置空 64KB 基本内存 |
| 2B | 使磁盘驱动器和控制器作初始准备 | 触发奇偶性结束，将控制任选的视频 ROM 检查前所需的任何调节 | 屏幕存储器测试正在进行或失灵 |
| 2C | 检查串行端口，并使之作初始准备 | 完成视频 ROM 控制之前的处理，将查看任选的视频 ROM 并加以控制 | 屏幕初始准备正在进行或失灵 |
| 2D | 检测并行端口，并使之作初始准备 | 已完成任选的视频 ROM 控制，将进行视频 ROM 回复控制之后任何其他处理的控制 | 屏幕回扫测试正在进行或失灵 |
| 2E | 使硬磁盘驱动器和控制器作初始准备 | 从视频 ROM 控制之后的处理复原；如果没有发现 EGA/VGA 就要进行显示器存储器读/写测试 | 检测视频 ROM 正在进行 |
| 2F | 检测数学协处理器，并使之作初始准备 | 没发现 EGA/VGA，将开始显示器存储器读/写测试 | . |
| 30 | 建立基本内存和扩展内存 | 通过显示器存储器读/写测试，将进行扫描检查 | 屏幕是可以工作的 |
| 31 | 检测从 C800：0 至 EFFF：0 的选用 ROM，并使之作初始准备 | 显示器存储器读/写测试或扫描检查失败，将进行另一种显示器存储器读/写测试 | 单色监视器是可以工作的 |

（续）

| 代码 | Award BIOS | AMI BIOS | Phoenix BIOS 或 Tandy 3000 BIOS |
|---|---|---|---|
| 32 | 对主板上 COM/LTP/FDD/声音设备等 I/O 芯片编程使其适合设置值 | 通过另一种显示器存储器读/写测试，将进行另一种显示器扫描检查 | 彩色监视器（40 列）是可以工作的 |
| 33 | . | 视频显示器检查结束，将开始利用调节开关和实际插卡检验显示器的类型 | 彩色监视器（80 列）是可以工作的 |
| 34 | . | 已检验显示器适配器，接着将调定显示方式 | 计时器滴答声中断测试正在进行或失灵 |
| 35 | . | 完成调定显示方式，将检查 BIOS ROM 的数据区 | 停机测试正在进行或失灵 |
| 36 | . | 已检查 BIOS ROM 数据区，将调定通电信息的游标 | 门电路中 A0～A20 失灵 |
| 37 | . | 识别通电信息的游标调定已完成，将显示通电信息 | 保护方式中的意外中断 |
| 38 | . | 完成显示通电信息，将读出新的游标位置 | RAM 测试正在进行或者地址故障＞FFFFH |
| 39 | . | 已读出保存游标位置，将显示引用信息串 | |
| 3A | . | 引用信息串显示结束，将显示发现信息 | 间隔计时器通道 2 测试或失灵 |
| 3B | 用 OPTI 电路片（只是 486）使辅助超高速缓冲存储器作初始准备 | 已显示发现＜ESC＞信息，虚拟方式，存储器测试即将开始 | 按日计算的日历时钟测试正在进行或失灵 |
| 3C | 建立允许进入 CMOS 设置的标志 | . | 串行端口测试正在进行或失灵 |
| 3D | 初始化键盘 / PS2 鼠标 / PNP 设备及总内存节点 | . | 并行端口测试正在进行或失灵 |
| 3E | 尝试打开 L2 高速缓存 | . | 数学协处理器测试正在进行或失灵 |
| 40 | . | 已开始准备虚拟方式的测试，将从视频存储器来检验 | 调整 CPU 速度，使之与外围时钟精确匹配 |
| 41 | 中断已打开，将初始化数据以便于 0：0 检测内存变换（中断控制器或内存不良） | 从视频存储器检验之后复原，将准备描述符表 | 系统插件板选择失灵 |
| 42 | 显示窗口进入 SETUP | 描述符表已准备好，将进行虚拟方式作存储器测试 | 扩展 CMOS RAM 故障 |
| 43 | 若是即插即用 BIOS，则串口、并口初始化 | 进入虚拟方式，将为诊断方式实现中断 | . |
| 44 | . | 已实现中断（如已接通诊断开关，将使数据作初始准备以检查存储器在 0：0 返转。） | BIOS 中断进行初始化 |

（续）

| 代码 | Award BIOS | AMI BIOS | Phoenix BIOS 或 Tandy 3000 BIOS |
|---|---|---|---|
| 45 | 初始化数学协处理器 | 数据已作初始准备，将检查存储器在 0：0 返转以及找出系统存储器的规模 | . |
| 46 | . | 测试存储器已返回；存储器大小计算完毕，将写入页面来测试存储器 | 检查只读存储器 ROM 版本 |
| 47 | . | 将在扩展的存储器试写页面，将基本 640KB 存储器写入页面 | . |
| 48 | . | 已将基本存储器写入页面，将确定 1MB 以上的存储器 | 视频检查，CMOS 重新配置 |
| 49 | . | 找出 1BM 以下的存储器并检验，将确定 1MB 以上的存储器 | . |
| 4A | . | 找出 1MB 以上的存储器并检验，将检查 BIOS ROM 数据区 | 进行视频的初始化 |
| 4B | . | BIOS ROM 数据区的检验结束，将检查<ESC>和为软复位清除 1MB 以上的存储器 | . |
| 4C | . | 清除 1MB 以上的存储器(软复位)，将清除 1MB 以上的存储器 | 屏蔽视频 BIOS ROM |
| 4D | . | 已清除 1MB 以上的存储器（软复位），将保存存储器的大小 | . |
| 4E | 若检测到有错误，在显示器上显示错误信息，并等待客户按<F1>键继续 | 开始存储器的测试（无软复位），将显示第一个 64KB 存储器的测试 | 显示版权信息 |
| 4F | 读写软、硬盘数据，进行 DOS 引导 | 开始显示存储器的大小，正在测试存储器将使之更新；将进行串行和随机的存储器测试 | . |
| 50 | 将当前 BIOS 监视区内的 CMOS 值存到 CMOS 中 | 完成 1MB 以下的存储器测试，将高速存储器的大小以便再定位和掩蔽 | 将 CPU 类型和速度送到屏幕 |
| 51 | . | 测试 1MB 以上的存储器 | . |
| 52 | 所有 ISA 只读存储器 ROM 进 | 已完成 1MB 以上的存储器测试，将 | 进入键盘检测 |
| 53 | 如果不是即插即用 BIOS，则初始化串口、并口和设置时钟值 | 保存 CPU 寄存器和存储器的大小，将进入实址方式 | |
| 54 | . | 成功地开启实址方式，将复原准备停机时保存的寄存器 | 扫描"打击键" |
| 55 | . | 寄存器已复原，将停用门电路 A0～A20 的地址线 | . |
| 56 | . | 成功停用 A0～A20 的地址线，将检查 BIOS ROM 数据区 | 键盘测试结束 |

（续）

| 代码 | Award BIOS | AMI BIOS | Phoenix BIOS 或 Tandy 3000 BIOS |
|---|---|---|---|
| 57 | . | BIOS ROM 数据区检查了一半，继续进行 | . |
| 58 | . | BIOS ROM 的数据区检查结束，将清除发现<ESC>信息 | 非设置中断测试 |
| 59 | . | 已清除<ESC>信息，信息已显示，将开始 DMA 和中断控制器的测试 | . |
| 5A | . | . | 显示按<F2>键进行设置 |
| 5B | . | . | 测试基本内存地址 |
| 5C | . | . | 测试 640KB 基本内存 |
| 60 | 设置硬盘引导扇区病毒保护功能 | 通过 DMA 页面寄存器的测试，将检验视频存储器 | 测试扩展内存 |
| 61 | 显示系统配置表 | 视频存储器检验结束，将进行 DMA#1 基本寄存器的测试 | . |
| 62 | 开始用中断 19H 进行系统引导 | 通过 DMA#1 基本寄存器的测试，将进行 DMA#2 寄存器的测试 | 测试扩展内存地址线 |
| 63 | . | 通过 DMA#2 基本寄存器的测试，将检查 BIOS ROM 数据区 | . |
| 64 | . | BIOS ROM 数据区检查了一半，继续进行 | . |
| 65 | . | BIOS ROM 数据区检查结束，将把 DMA 装置 1 和 2 编程 | . |
| 66 | . | DMA 装置 1 和 2 编程结束，将使用 59 号中断控制器作初始准备 | Cache 注册表进行优化配置 |
| 67 | . | 8259 初始准备已结束，将开始键盘测试 | . |
| 68 | . | . | 使外部 Cache 和 CPU 内部 Cache 都工作 |
| 6A | . | . | 测试并显示外部 Cache 值 |
| 6C | . | . | 显示被屏蔽内容 |
| 6E | . | . | 显示附属配置信息 |
| 70 | . | . | 检测到的错误代码送到屏幕显示 |
| 72 | . | . | 检测配置是否有错误 |
| 74 | . | . | 测试实时时钟 |
| 76 | . | . | 检查键盘错误 |
| 7A | . | . | 锁键盘 |
| 7C | . | . | 设置硬件中断矢量 |
| 7E | . | . | 测试是否安装数学协处理器 |

（续）

| 代码 | Award BIOS | AMI BIOS | Phoenix BIOS 或 Tandy 3000 BIOS |
|---|---|---|---|
| 80 | . | 键盘测试开始，正在清除和检查是否有键卡住，将使键盘复原 | 关闭可编程输入／输出设备 |
| 81 | . | 找出键盘复原的错误卡住的键，将发出键盘控制端口的测试命令 | |
| 82 | . | 键盘控制器接口测试结束，将写入命令字节和使循环缓冲器作初始准备 | 检测和安装固定 RS232 接口（串口） |
| 83 | . | 已写入命令字节，已完成全局数据的初始准备，将检查是否有键锁住 | . |
| 84 | . | 已检查是否有锁住的键，将检查存储器是否与 CMOS 失配 | 检测和安装固定并行口 |
| 85 | . | 已检查存储器的大小，将显示软错误密码或旁通回路 | . |
| 86 | . | 已检查密码，将进行旁通安排前的编程 | 重新打开可编程 I／O 设备和检测固定的 I／O 是否有冲突 |
| 87 | . | 完成安排前的编程，将进行 CMOS 安排的编程 | . |
| 88 | . | 从 CMOS 安排程序复原清除屏幕，将进行后面的编程 | 初始化 BIOS 数据区 |
| 89 | . | 完成安排后的编程，将显示通电屏幕信息 | . |
| 8A | . | 显示第一个屏幕信息 | 进行扩展 BIOS 数据区初始化 |
| 8B | . | 显示了信息，将屏蔽视频 BIOS | . |
| 8C | . | 成功地屏蔽视频 BIOS，将开始 CMOS 后的安排任意选项的编程 | 进行软驱控制器初始化 |
| 8D | . | 已经安排任意选项编程，接着检查鼠标和进行初始准备 | |
| 8E | . | 检测了鼠标以及完成初始准备，把硬、软磁盘复位 | . |
| 8F | . | 软磁盘已检查，该磁盘将作初始准备，随后配备软磁盘 | |
| 90 | . | 软磁盘配置结束，将测试硬磁盘的存在 | 硬盘控制器进行初始化 |
| 91 | . | 硬磁盘存在测试结束，随后配置硬磁盘 | 局部总线硬盘控制器初始化 |
| 92 | . | 硬磁盘配置完成，将检查 BIOS ROM 的数据区 | 跳转到用户路径 2 |
| 93 | . | BIOS ROM 的数据区已检查一半，继续进行 | |

（续）

| 代码 | Award BIOS | AMI BIOS | Phoenix BIOS 或 Tandy 3000 BIOS |
|---|---|---|---|
| 94 | . | BIOS ROM 的数据区检查完毕，即调定基本和扩展存储器的大小 | 关闭 A0～A20 地址线 |
| 95 | . | 鼠标和硬磁盘 47 型支持而调节好存储器的大小，将检验显示存储器 | |
| 96 | . | 检验显示存储器后复原，将进行 C800：0 任选 ROM 控制之前的初始准备 | 清除"ES 段"注册表 |
| 97 | . | C800：0 任选 ROM 控制之前的任何初始准备结束，接着进行任选 ROM 的检查及控制 | . |
| 98 | . | 任选 ROM 的控制完成，将进行任选 ROM 回复控制之后所需的任何处理 | 查找 ROM 选择 |
| 99 | . | 任选 ROM 测试之后所需的任何初始准备结束，将建立计时器的数据区或打印机基本地址 | . |
| 9A | . | 调定计时器和打印机基本地址后的返回操作，即调定 RS－232 基本地址 | 屏蔽 ROM 选择 |
| 9B | . | 在 RS－232 基本地址之后返回，将进行协处理器测试的初始准备 | . |
| 9C | . | 协处理器测试之前所需初始准备结束，接着使协处理器作初始准备 | 建立电源节能管理 |
| 9D | . | 协处理器作好初始准备，将进行协处理器测试之后的任何初始准备 | . |
| 9E | . | 完成协处理器之后的初始准备，将检查扩展键盘，键盘识别符，以及数字锁定 | 开放硬件中断 |
| 9F | . | 已检查扩展键盘，调定识别标志，数字锁接通或断开，将发出键盘识别命令 | |
| A0 | . | 发出键盘识别命令，将使键盘识别标志复原 | 设置时间和日期 |
| A1 | . | 键盘识别标志复原，接着进行高速缓冲存储器的测试 | . |
| A2 | . | 高速缓冲存储器测试结束，将显示任何软错误 | 检查键盘锁 |
| A3 | . | 软错误显示完毕，将调定键盘打击的速率 | |
| A4 | . | 调好键盘的打击速率，将制定存储器的等待状态 | 键盘重复输入速率的初始化 |

（续）

| 代码 | Award BIOS | AMI BIOS | Phoenix BIOS 或 Tandy 3000 BIOS |
|------|-----------|----------|-------------------------------|
| A5 | . | 存储器等候状态制定完毕，接着将清除屏幕 | . |
| A6 | . | 屏幕已清除，将启动奇偶性和不可屏蔽中断 | . |
| A7 | . | 已启用不可屏蔽中断和奇偶性，进行控制任选的 ROM 在 E000：0 所需的任何初始准备 | . |
| A8 | . | 控制 ROM 在 E000：0 之前的初始准备结束，接着将控制 E000：0 之后所需的任何初始准备 | 清除<F2>键提示 |
| A9 | . | 从控制 E000：0 ROM 返回，将进行控制 E000：0 任选 ROM 之后所需的任何初始准备 | . |
| AA | . | 在 E000：0 控制任选 ROM 之后的初始准备结束，将显示系统的配置 | 扫描<F2>键 |
| AC | . | . | 进入设置 |
| AE | . | . | 清除通电自检标志 |
| B0 | . | . | 检查非关键性错误 |
| B2 | . | . | 通电自检完成准备进入操作系统引导 |
| B4 | . | . | 蜂鸣器响一声 |
| B6 | . | . | 检测密码设置（可选） |
| B8 | . | . | 清除全部描述表 |
| BC | . | . | 清除校验检查值 |
| BE | 程序默认值进入控制芯片，符合可调制二进制默认值表 | | 清除屏幕（可选） |
| BF | 测试 CMOS 建立值 | . | 检测病毒，提示做资料备份 |
| C0 | 初始化高速缓存 | . | 用中断 19 试引导。 |
| C1 | 内存自检 | . | 查找引导扇区中的"55"、"AA"标记 |
| C3 | 第一个 256KB 内存测试 | . | . |
| C5 | 从 ROM 内复制 BIOS 进行快速自检 | . | . |
| C6 | 高速缓存自检 | . | . |
| CA | 检测 Micronies 超速缓冲存储器（如果存在），并使之作初始准备 | . | . |
| CC | 关断不可屏蔽中断处理器 | . | . |
| EE | 处理器意料不到的例外情况 | . | . |
| FF | 给予 INI19 引导装入程序的控制，确认主板 | . | . |

209